面向计算思维的程序设计系列教材

Visual Basic 项目教程

主　编　薛红梅　张永强

副主编　申艳光　刘志敏　王彬丽

　　　　孔外平　马丽艳　王瑞林

科学出版社

北　京

内 容 简 介

当前高等学校计算机基础教学的发展方向是将计算思维作为程序设计课程的主线，培养学生如何像计算机科学家一样思考并解决问题的能力。

本书通过把计算思维的要素、方法融入问题和项目，采用"项目目标—项目分析—项目实现—知识进阶—项目交流"教学五部曲的项目化教学模式，用项目引领教学内容，集成基于项目学习和探究式学习的一体化主动学习方法，强调了理论与实践相结合，以实际应用为目标，突出了对学生基本技能、实际操作能力、工程师职业能力和计算思维能力的培养。

本书共分 7 章，涉及认识计算思维、程序与算法、程序与数据以及软件工程的基本知识、Visual Basic 集成开发环境与基本概念、程序设计基础、用户界面设计、菜单与工具栏、文件、图像操作、数据库应用等内容。

本书可作为大中专院校教材及各类计算机技术培训教材，并可供不同层次的 Visual Basic 程序设计人员学习和参考。

图书在版编目（CIP）数据

Visual Basic 项目教程/薛红梅，张永强主编. —北京：科学出版社，2015.2
面向计算思维的程序设计系列教材
ISBN　978-7-03-043239-1

Ⅰ. ①V… Ⅱ. ①薛… ②张… Ⅲ. ①BASIC 语言—程序设计—教材 Ⅳ. ①TP312

中国版本图书馆 CIP 数据核字（2015）第 022577 号

责任编辑：于海云 / 责任校对：袁省省
责任印制：霍　兵 / 封面设计：迷底书装

科学出版社 出版
北京东黄城根北街 16 号
邮政编码：100717
http://www.sciencep.com

三河市骏杰印刷有限公司　印制
科学出版社发行　各地新华书店经销
*
2015 年 2 月第 一 版　　开本：16 开（787×1092）
2015 年 2 月第一次印刷　　印张：14
字数：331 000
定价：30.00 元
（如有印装质量问题，我社负责调换）

前　言

程序设计是对学生进行思维训练的一个最直接、最具操作性的平台。程序设计课程对高校大学生来说不仅是职业技能的培养，也体现着创造性思维的信息素质培养过程，重视引导学生实现问题求解思维方式的转换——培养学生的计算思维能力。

CDIO（Conceive-Design-Implement-Operate，构思-设计-实施-操作/运行）改革，以一体化和实用方式回应了工程教育的历史和未来的挑战，使学生知道如何在现代团队环境下构思、设计、实施及运行复杂且具有高附加值的工程产品、过程和系统。自2000年起，世界范围内以MIT为首的几十所大学操作实施了CDIO模式，迄今已取得显著成效，深受学生欢迎，得到了产业界的高度评价。

建设符合我国实际需求的适应大工程理念和CDIO工程新的教育模式的教材体系是本书改革的核心内容之一，这将有助于课程体系和教学内容更加合理和科学，有助于学生以主动的、实践的方式学习和获取工程能力，包括个人的科学和技术知识、终身学习能力、交流和团队工作能力，以及在社会及企业环境下建造产品和系统的能力。

CDIO大纲的第二部分为个人职业技能和特质。大纲中指出，工程师应该具备的三种思维模式是工程思维、科学思维、系统思维。其中科学思维包括三种：以观察和归纳自然规律为特征的实证思维；以推理和演绎为特征的逻辑思维；以抽象化和自动化为特征的计算思维。因此，计算思维的培养将大大有利于提高工程师的科学思维能力，符合CDIO理念的要求。

计算思维的概念最早是2006年3月由美国卡内基·梅隆大学周以真（Wing）教授在*Communication of the ACM*上发表并定义的。她指出，计算思维是每个人的基本技能，不仅仅属于计算机科学家。每个人在培养解析能力时不仅应掌握阅读、写作和算术，还要学会计算思维。著名的计算机科学家——1972年图灵奖得主Dijkstra说："我们所使用的工具影响着我们的思维方式和思维习惯，从而也将深刻地影响着我们的思维能力。"

无论计算机教育工作者，还是计算机普通用户在学习和使用计算机的过程中，应该着眼于"悟"和"融"：感悟和凝练计算科学思维模式，并将其融入可持续发展的计算机应用中，这是作为工程人才不可或缺的基于信息技术的行为能力。

计算思维是计算机和软件工程学科的灵魂，程序设计课程的教学重点不在于培养学生如何解决某些实际问题的能力，而在于培养学生全面思考问题、分析问题的思维模式，提高学生动手和动脑的实践能力，促进学生主动学习和探究意识的培养，提升学生的创新能力和综合素质。让学生了解和掌握如何充分利用计算机技术，对现实世界中的问题进行抽象和形式化，达到人类求解问题的目的。

基于以上教育理念，本书特色如下。

（1）融入CDIO理念，采用新的教学五部曲。

本书采用以项目实例"学生管理系统"为导向的教学模式，集成基于项目学习和探究式学习的一体化主动学习方法。采用"项目目标—项目分析—项目实现—知识进阶—项目交流"教学五部曲的项目化教学模式，用项目引领教学内容，强调了理论与实践相结合，突出对学生基本技能、实际操作能力及工程师职业能力的培养，符合学生思维的构建方式。通过项目设计激发学生的学习兴趣，培养获取知识（自主学习）、共享知识（团队合作）、运用知识（解决问题）、总结知识

（技术创新）和传播知识（沟通交流）的能力与素质，训练其职业道德修养和社会责任意识，提高学生的认知能力，从而为学生提供真实世界的学习经验。

（2）围绕现代工程师应具备的素质要求，多方位多角度地培养学生的工程能力和计算思维能力。

本书利用"想想议议"、"思考与探索"、"知识进阶"、"项目交流"、"角色模拟"、"思辩题"、"能力拓展与训练"、"我的问题卡片"等栏目多方位多角度地培养学生工程能力，包括终身学习能力、团队工作和交流能力、在社会及企业环境下建造产品的系统能力等。

"想想议议"是一些启发性较强、难度不太大的问题，旨在培养学生善于观察、勤于思考、乐于讨论的良好学习习惯和品质。有一些"想想议议"问题与社会、生活和科技发展紧密联系，旨在培养学生解决实际问题的能力。

"思考与探索"是面向计算思维的对于知识的一种解析，旨在培养学生的计算思维能力和善于观察、勤于思考、乐于探索的良好学习习惯和品质。

"知识进阶"和"项目交流"中包括一些思维密度较大、思维要求较高的问题和要求，旨在培养学生的系统思维能力、发散思维能力、创新思维能力、沟通能力、自信心、适应变化的能力以及团队协作创新的工作理念。

"思辩题"旨在培养学生的批判性和创造性思维。

"角色模拟"主要是通过模拟工程师与真实世界之间的互动，旨在培养学生的工程实践应用能力，培养学生在团队中有效合作、有效沟通、有效管理的能力，提高学生应用工程知识的能力和处理真实世界问题的能力。

"能力拓展与训练"有利于激发学生的自主探究性，在拓展创作中实现自我价值，并培养主动学习、经验学习和终身学习的能力。

"我的问题卡片"旨在培养学生主动学习、自主学习的能力和积极的态度。

（3）贴近学生生活，倡导"快乐学习"理念。

本书精选贴近学生生活具有趣味性和实用性的项目实例"学生管理系统"，按照教学规律和学生的认知特点将知识点融于项目实例中。

（4）强调人文素质培养。

本书每章后附有"你我共勉"栏目，旨在培养学生良好的学习态度和职业道德。

总之，本书在适度的基础知识与理论体系覆盖下，突出了工程教育的教学方法论，主要特色在于采用创新教学方法和学习环境，为学生提供真实世界的学习经验，力求达到CDIO改革的总体目标。

本书共分7章，内容包括绪论、Visual Basic 概述、程序设计基础、用户界面设计、文件、图形操作和数据库的应用。

本书由薛红梅、张永强任主编，申艳光、刘志敏、王彬丽、孔外平、马丽艳、王瑞林任副主编，统稿工作由薛红梅、刘志敏、王彬丽和孔外平完成。各章编写分工如下：第1章由张永强编写，第2章由薛红梅编写，第3章由申艳光编写，第4章由刘志敏编写，第5章由王瑞林编写，第6章由马丽艳编写，第7章由王彬丽编写。本书在编写过程中得到了河北工程大学领导和计算机基础教研室全体教师的大力支持，在此表示深深的敬意和感谢。

限于作者的水平及时间仓促，书中难免存在不足之处，恳请读者批评和指正，以使其更臻完善。

本书有配套的实验实训教材，同时提供电子课件和项目素材，可以登录科学出版社网站下载。与本书内容相关的视频，读者可以登录中国大学视频公开课官方网站"爱课程"网（http://www.icourses.cn），学习河北工程大学的"心连'芯'的思维之旅"课程。

编　者

2015年1月

目　录

第1章 绪 论

现实世界中，必须通过人类的思维将问题进行形式化、程序化和机械化后，变成计算思维，才能利用计算机来进行问题求解。问题求解的核心是算法和系统设计。程序方式是人类使用计算机的高级方式，程序反映了人类求解问题的思维和方法。

1.1 认识计算思维

近年来，移动通信、普适计算、物联网、云计算、大数据这些新概念和新技术的出现，在社会经济、人文科学、自然科学的许多领域引发了一系列革命性的突破，极大地改变了人们对计算和计算机的认识。无处不在、无事不用的计算思维成为人们认识和解决问题的基本能力之一。

2006 年 3 月，美国卡内基·梅隆大学计算机系主任周以真(Wing)在美国计算机权威期刊 *Communication of the ACM* 上发表并定义了计算思维(Computational Thinking)。她认为：**计算思维是运用计算机科学的基础概念进行问题求解、系统设计，以及人类行为理解等的涵盖计算机科学领域的一系列思维活动**。她指出，计算思维是每个人的基本技能，不仅仅属于计算机科学家。每个人在培养解析能力时不仅要掌握阅读、写作和算术(Reading，Writing and Arithmetic)，还要学会计算思维。这种思维方式对于学生从事任何事业都是有益的。

计算方法和模型给了人们勇气处理那些原本无法由任何个人独自完成的问题求解和系统设计。计算思维直面机器智能的不解之谜：什么人能比计算机做得更好？什么计算机能比人类做得更好？

"人类的特性恰恰就是自由的有意识的活动。"——马克思。自古至今，所有的教育都是为了人类的发展。人之发展，首在思维，一个人的科学思维能力的养成，必然伴随着创新能力的提高。工程师应该具备的三种思维模式是工程思维、科学思维和系统思维。而其中科学思维可以分为三种：以观察和归纳自然(包括人类社会活动)规律为特征的实证思维；以推理和演绎为特征的逻辑思维；以抽象化和自动化为特征的计算思维。

计算思维综合了数学思维(求解问题的方法)、工程思维(设计、评价大型复杂系统)和科学思维(理解可计算性、智能、心理和人类行为)。

计算思维就是把一个看起来困难的问题重新阐述成一个人们知道怎样解决的问题，采用的方法有约简、嵌入、转化和仿真等。

计算思维是一种递归思维，它是并行处理过程，把代码译成数据又把数据译成代码。它评价一个程序时，不仅仅依据其准确性和效率，还有美学的考量，而对于系统的设计，还考虑简洁性和优雅性。

计算思维采用了抽象和分解的方法来迎战浩大复杂的任务，选择合适的方式陈述一个问题，或者对一个问题的相关方面进行建模使其易于处理。

计算思维是通过冗余、容错、纠错的方式，在最坏情况下进行预防、保护和恢复的一种思维。计算思维利用启发式推理来寻求解答。它就是在不确定情况下的规划、学习和调度。它就是搜索、搜索、再搜索，最后得到的是一系列网页、一个赢得游戏的策略，或者一个反例。**计算思维利用**

海量的数据来加快计算。它就是在时间和空间之间，在处理能力和存储容量之间的权衡。考虑日常生活中的事例：当一位学生早晨去学校时，他把当天需要的东西放进书包，这就是预置和缓存；当一个孩子弄丢他的手套时，你建议他沿走过的路回寻，这就是回溯；在什么时候你停止租用滑雪板而为自己买一对呢？这就是在线算法；在超市付账时你应当去排哪个队呢？这就是多服务器系统的性能模型；为什么停电时你的电话仍然可用？这就是失败的无关性和设计的冗余性。

人们已见证了计算思维在其他学科中的影响。例如，计算生物学正在改变着生物学家的思考方式。类似地，计算博弈理论正改变着经济学家的思考方式，纳米计算改变着化学家的思考方式，量子计算改变着物理学家的思考方式。**计算思维将成为每一个人的技能，它是人类除了理论思维、实验思维以外，应具备的第三种思维方式。**

> ── 思 考 与 探 索 ──
>
> 符号化、计算化、自动化思维，以组合、抽象和递归为特征的程序及其构造思维是计算技术与计算系统的重要思维。计算思维能力训练不仅使人们理解计算机的实现机制和约束、建立计算意识、形成计算能力，有利于发明和创新，而且有利于提高信息素养，也就是处理计算机问题时应有的思维方法、表达形式和行为习惯，从而更有效地利用计算机。
>
> 计算思维的抽象体现在使用符号代替实际问题中的各种变量，计算思维的自动化则体现在程序的机械式执行，而实现自动化则依赖于完备的算法。
>
> 计算思维建立在计算机的能力和限制上，所以用计算机解决问题时，既要充分利用计算机的计算和存储能力，又不能超出计算机的能力范围。

1.2 程序与算法

1976 年，瑞士苏黎士联邦工业大学的科学家 Wirth（Pascal 语言的发明者，1984 年图灵奖获得者）发表了专著，其中提出公式"**程序=算法+数据结构**"（Algorithms+Data Structures=Programs），这一公式的关键是指出了程序是由算法和数据结构有机结合构成的。程序是完成某一任务的指令或语句的有序集合；数据是程序处理的对象和结果。就像写文章，文章=材料+构思，构思是文章的灵魂，同样算法是程序的灵魂，也是计算的灵魂，在计算思维中占据重要地位。

1.2.1 算法的概念与分类

做任何事情都有一定的步骤。例如，学生考大学，首先要填报名单，交报名费，拿准考证，然后参加全国高考，得到录取通知书，到指定大学报到。又如，网上预订火车票步骤如下：①登录中国铁路客户服务中心（12306 网站），下载根证书并安装到计算机上；②到网站上注册个人信息，注册完毕，到信箱里单击链接激活注册用户；③进行车票查询；④进入订票页面，提交订单，通过网上银行进行支付；⑤凭乘车人有效二代居民身份证原件到全国火车站的任意售票窗口、铁路客票代售点或车站自动售票机上办理取票手续。

1. 算法的定义

人们从事各种工作和活动，都必须事先想好需要进行的步骤，这种**为解决一个确定类问题而采取的方法和步骤称为算法（Algorithm）**。算法规定了任务执行或问题求解的一系列步骤。例如，菜谱是做菜的"算法"；歌谱是一首歌曲的"算法"；洗衣机说明书是洗衣机使用的"算法"等。

算法不仅是计算机科学的一个分支，更是计算机科学的核心。计算机算法能够帮助人类解决很多问题，例如，找出人类 DNA 中所有 100000 种基因，确定构成人类 DNA 的 30 亿种化学基对的序列；快速地访问和检索互联网数据；电子商务活动中各种信息的加密及签名；制造业中各种资源的有效分配；确定地图中两地之间的最短路径；各种数学和几何计算(矩阵、方程、集合)。

2. 算法的特征

一个算法应该具有以下五个重要的特征。

(1)确切性。算法每一个步骤必须具有确切的定义，不能有二义性。

(2)可行性。算法中执行的任何计算步骤都可以被分解为基本的可执行的操作步骤，即每个计算步骤都可以在有限时间内完成(也称为有效性)。

(3)输入项。一个算法有 0 个或多个输入，以刻画运算对象的初始情况，所谓 0 个输入是指算法本身设定了初始条件。

(4)输出项。一个算法有一个或多个输出，以反映对输入数据加工后的结果。没有输出的算法是毫无意义的。

(5)有穷性。一个算法必须保证执行有限步后结束。

例如，操作系统是一个在无限循环中执行的程序，因而不是一个算法。但操作系统的各种任务可看成单独的问题，每一个问题由操作系统中的一个子程序通过特定的算法来实现。该子程序得到输出结果后便终止。

3. 算法的分类

按照算法所使用的技术领域，算法可大致分为基本算法、数据结构算法、数论与代数算法、计算几何的算法、图论的算法、动态规划以及数值分析、加密算法、排序算法、检索算法、随机化算法、并行算法、厄米变形模型和随机森林算法。

按照算法的形式，算法可分为以下三种。

(1)生活算法：完成某一项工作的方法和步骤。

(2)数学算法：对一类计算问题的机械的统一的求解方法，如求一元二次方程的解，以及求圆面积、立方体的体积等。

(3)计算机算法：对运用计算思维设计的问题求解方案的精确描述。例如，人们玩扑克牌的时候，如果要求同花色的牌放在一起而且从小到大排序，人们一般都会边摸牌边把每张牌依次插入合适的位置，等把牌摸完了，牌的顺序也排好了。这是摸牌的过程，也是一种算法。计算机学科就把这个生活算法转化成了计算机算法，称为插入排序算法。

1.2.2 数学建模

问题求解中的计算思维的过程为：首先建立问题的模型，然后根据模型设计相应的算法。

数学建模是运用数学的语言和方法，通过抽象、简化建立对问题进行精确描述和定义的数学模型。简单来说，就是抽象出问题，并用数学语言进行形式化描述。

一些表面上看似非数值的问题，进行数学形式化后，就可以方便地进行算法设计。

如果研究的问题是特殊的，例如，今天所做的事情的顺序，因为每天不一样，就没有必要建立模型。如果研究的问题具有一般性，就有必要体现模型的抽象性质，为这类事件建立数学模型。模型是一类问题的解题步骤，即一类问题的算法。广义的算法就是事情的次序，**算法提供一种解决问题的通用方法。**

【例 1.2.1】 国际会议排座位问题。

现要举行一个国际会议，有 7 个人分别用 a、b、c、d、e、f、g 表示。已知下列事实：a 会讲英语；b 会讲英语和汉语；c 会讲英语、意大利语和俄语；d 会讲日语和汉语；e 会讲德语和意大利语；f 会讲法语、日语和俄语；g 会讲法语和德语。

试问：这 7 个人应如何排座位，才能使每个人都能和他身边的人顺利地沟通交谈？

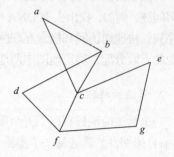

图 1.2.1　用数学语言来表示的问题模型

问题分析：可以尝试将这个问题转化为图的形式，建立一个图的模型，将每个人抽象为一个节点，人和人的关系用节点间的关系——边来表示。于是得到节点集合 $V=\{a, b, c, d, e, f, g\}$。对于任意的两点，若有共同语言，就在它们之间连一条无向边，可得边的集合 $E=\{ab, ac, bd, bc, df, cf, ce, fg, eg\}$，图 $G=\{V, E\}$，如图 1.2.1 所示。

这时问题转化为在图 G 中找到一条哈密顿回路的问题。

哈密顿图是一个无向图，由天文学家哈密顿提出。哈密顿回路(Hamiltonian Path)是指从图中的任意一点出发，经过图中每一个节点一次。这样便从图中得出，$abdfgeca$ 是一条哈密顿回路，照此顺序排座位即可满足问题要求。

【例 1.2.2】 警察抓小偷的问题。

警察抓了 a、b、c、d 四名偷窃嫌疑犯，其中只有一人是小偷，审问记录如下。

a 说："我不是小偷。"

b 说："c 是小偷。"

c 说："小偷肯定是 d。"

d 说："c 在冤枉人。"

已知四个人中三人说的是真话，一人说的是假话，到底谁是小偷？

问题分析：依次假设每个人是小偷的情况，然后一一代入那四句话，依次检验已知条件"四个人中三人说的是真话，一人说的是假话"是否成立，如果成立，那么对应的假设成立，小偷找到。

计算机算法设计如下。

(1)将 a、b、c、d 四个人编号为 1、2、3、4。

(2)用变量 x 存放小偷的编号。

(3)依次将 $x=1$，$x=2$，$x=3$，$x=4$ 代入问题系统，检验"四个人中三人说的是真话，一人说的是假话"是否成立。

问题系统如下。

(1)a 说："我不是小偷。"

(2)b 说："c 是小偷。"

(3)c 说："小偷肯定是 d。"

(4)d 说："c 在冤枉人。"

(5)四个人中三人说的是真话，一人说的是假话。

分别翻译成计算机的形式化语言如下。

(1)a 说：$x\neq1$。

(2)b 说：$x=3$。

(3)c 说：$x=4$。

（4）d 说：$x \neq 4$。

（5）四个逻辑式的值相加，和为 1+1+1+0=3。

这时候就便于计算机理解了。

数学建模的实质是：提取操作对象→找出对象间的关系→用数学语言进行描述。

1.2.3　算法的描述

算法的描述方式主要有以下几种。

1. 自然语言

自然语言是人们日常所用的语言，这是其优点。但自然语言描述算法的缺点也有很多：自然语言的歧义性易导致算法执行的不确定性；自然语言语句一般太长导致算法的描述太长；当算法中循环和分支较多时就很难清晰表示；不便翻译成程序设计语言。因此，人们又设计出流程图等图形工具来描述算法。

【例 1.2.3】　已知圆半径，计算圆面积。

可以用自然语言表达出以下算法步骤。

（1）输入圆半径 r。

（2）计算 $S=3.14 \times r \times r$。

（3）输出 S。

2. 流程图

程序流程图简洁、直观、无二义性，是描述程序的常用工具，一般采用美国国家标准学会规定的一组图形符号，如图 1.2.2 所示。

对于十分复杂难解的问题，框图可以画得粗略一些、抽象一些，首先表达出解决问题的轮廓，然后细化。流程图也存在缺点：使设计人员过早考虑算法控制流程，而不考虑全局结构，不利于逐步求精；随意性太强，结构化不明显；不易表示数据结构；层次感不明显。

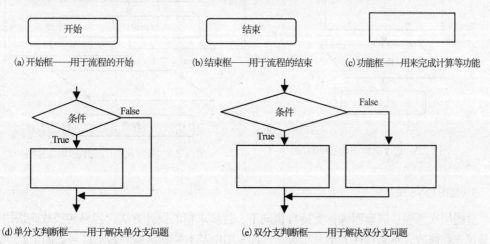

(a)开始框——用于流程的开始　　(b)结束框——用于流程的结束　　(c)功能框——用来完成计算等功能

(d)单分支判断框——用于解决单分支问题　　(e)双分支判断框——用于解决双分支问题

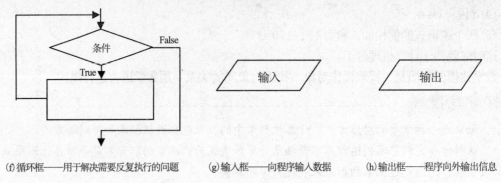

(f)循环框——用于解决需要反复执行的问题　　(g)输入框——向程序输入数据　　(h)输出框——程序向外输出信息

图 1.2.2　程序流程图常用图形元素

【例 1.2.4】　用流程图表示例 1.2.3 的算法。

算法用自然语言表示如下。

（1）输入圆半径 r。

（2）计算 $S=3.14 \times r \times r$。

（3）输出 S。

用流程图表示的算法如图 1.2.3 所示。

【例 1.2.5】　计算 $1+2+3+\cdots+n$，n 由键盘输入。

分析：这是一个累加的过程，每次循环累加一个整数值，整数的取值范围为 $1\sim n$，需要使用循环结构。

用流程图表示的算法如图 1.2.4 所示。

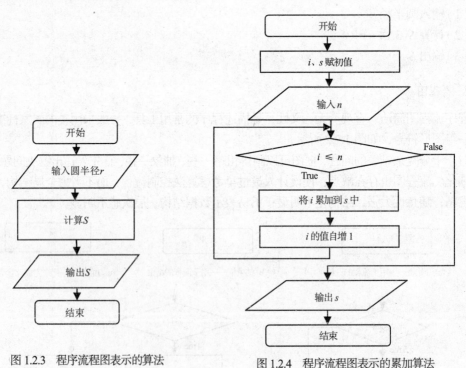

图 1.2.3　程序流程图表示的算法　　　　图 1.2.4　程序流程图表示的累加算法

3. 盒图（N-S 图）

盒图层次感强、嵌套明确；支持自顶向下、逐步求精的设计方法；容易转换成高级语言，但不易扩充和修改，不易描述大型复杂算法。N-S 图中基本控制结构的表示符号如图 1.2.5 所示。

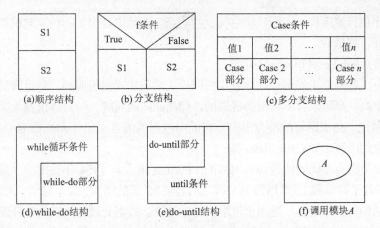

图 1.2.5　N–S 图中基本控制结构的表示符号

4. 伪代码

伪代码是用介于自然语言和计算机语言之间的文字和符号来描述算法的工具。它不用图形符号，书写方便，语法结构有一定的随意性，目前还没有一个通用的伪代码语法标准。

常用的伪代码是用简化后的高级语言来进行编写的，如类 C、类 C++、类 Pascal 等。

5. 程序设计语言

以上算法的描述方式都是为了方便人与人交流，但最终算法是要在计算机上实现的，所以用程序设计语言进行算法的描述，并进行合理的数据组织，就构成了计算机可执行的程序。

与人类社会使用语言交流相似，人要与计算机交流，必须使用计算机语言。于是人们模仿人类的自然语言，人工设计出一种形式化的语言——程序设计高级语言。

1.2.4　算法的实现——程序设计语言

如果需要把用流程图、自然语言等方式描述的算法在计算机上执行，还需要用某种计算机语言表示出来，即用程序设计语言把算法翻译成机器能够理解的可执行程序。

1. 程序设计语言的分类

目前，程序设计语言按照与计算机硬件的联系程度可分为三类：机器语言、汇编语言、高级语言。

1) 机器语言 (Machine Language)

机器语言是计算机硬件系统能够直接识别的不需翻译的计算机语言。机器语言中的每一条语句实际上是一条二进制形式的指令代码，由操作码和操作数组成。操作码指出进行什么操作；操作数指出参与操作的数或在内存中的地址。用机器语言编写程序工作量大，难于记忆和使用，但执行速度快。它的二进制指令代码通常随 CPU 型号的不同而不同，不能通用，因而说它是面向机器的一种低级语言。通常不用机器语言直接编写程序。

2) 汇编语言 (Assemble Language)

汇编语言是为特定计算机或计算机系列设计的。汇编语言用助记符代替操作码，用地址符号代替操作数。由于采用这种"符号化"的做法，所以汇编语言也称为符号语言。用汇编语言编写的程序称为汇编语言源程序。汇编语言程序比机器语言程序易读、易检查、易修改，同时又保持了机器语言程序执行速度快、占用存储空间少的优点。汇编语言也是一种面向机器的低级语言，不具备通用性和可移植性。

3) 高级语言 (High Level Language)

高级语言是由各种意义的词和数学公式按照一定的语法规则组成的，它更容易阅读、理解和修改，编程效率高。高级语言不是面向机器的，而是面向问题的，与具体机器无关，具有很强的通用性和可移植性。高级语言的种类很多，有面向过程的语言，如 Fortran、BASIC、Pascal、C 等；有面向对象的语言，如 C++、Java 等。

不同的高级语言有不同的特点和应用范围。Fortran 语言是 1954 年提出的，是最早出现的一种高级语言，适用于科学和工程计算；BASIC 语言是初学者的语言，简单易学，人机对话功能强；Pascal 语言是结构化程序语言，适用于教学、科学计算、数据处理和系统软件开发，目前逐步被 C 语言所取代；C 语言程序简练、功能强大，适用于系统软件、数值计算、数据处理等，是目前高级语言中使用最多的语言之一；C++、C#等面向对象的程序设计语言，给非计算机专业的用户在 Windows 环境下开发软件带来了福音；Java 语言是一种基于 C++的跨平台分布式程序设计语言。

上述通用语言仍然都是过程化语言。编码的时候，要详细描述问题求解的过程，告诉计算机每一步应该"怎样做"。为了把程序员从繁重的编码工作中解放出来，还必须寻求进一步提高编码效率的新语言，这就是甚高级语言或第 4 代语言(4GL)产生的背景。对于 4GL，迄今仍没有统一的定义。一般认为，3GL 是过程化的语言，目的在于高效地实现各种算法；4GL 则是非过程化的语言，目的在于直接实现各类应用系统。前者面向过程，需要描述"怎样做"；后者面向应用，只需说明"做什么"。

2. 语言处理程序

程序设计语言能够把算法翻译成机器能够理解的可执行程序。这里将计算机不能直接执行的非机器语言源程序翻译成能直接执行的机器语言的语言翻译程序称为**语言处理程序**。

(1) 源程序。用各种程序设计语言编写的程序称为源程序，计算机不能直接识别和执行。

(2) 目标程序。源程序必须由相应的汇编程序或编译程序翻译成机器能够识别的机器指令代码，计算机才能执行，这正是语言处理程序所要完成的任务。翻译后的机器语言程序称为目标程序。

(3) 汇编程序。将汇编语言源程序翻译成机器语言程序的翻译程序称为汇编程序。

(4) 编译方式和解释方式。编译方式是将高级语言源程序通过编译程序翻译成机器语言目标代码；解释方式是对高级语言源程序进行逐句解释，解释一句就执行一句，但不产生机器语言目标代码。例如，BASIC 语言大都是按这种方式处理的。大部分高级语言都采用编译方式。

3. 程序设计语言的基本控制结构

1996 年，计算机科学家 Boehm 和 Jacopini 提出并从数学的角度证明，任何一个算法都能以三种基本控制结构表示，即顺序结构、选择结构和循环结构。

1) 顺序结构

顺序结构是一类最基本、最简单的结构，其形式是：执行语句 1，然后执行语句 2……

顺序结构的特点：程序按照语句在代码中出现的顺序逐条执行；顺序结构中的每一条语句都被执行，而且只能被执行一次。就像将一颗颗珠子串成项链，也好像一层一层地爬上楼梯……

2) 选择结构

选择结构又称为分支结构，包括单分支和多分支结构，它根据判定条件的真假来确定应该执行哪一条分支的语句序列。

例如，根据学生的分数进行优、良、中、及格和不及格5种等级的成绩评定，就是一种多分支结构。

3) 循环结构

循环结构则可以使计算机在一定条件下反复多次执行同一段程序(称为循环体)，从而简化程序。

1.3　程序与数据

计算机的程序是对信息(数据)进行加工处理。可以说，程序=算法+数据组织和管理，程序的效率取决于两者的综合效果。随着信息量的增大，数据的组织和管理变得非常重要，它直接影响程序的效率。

按照数据对象存放位置的不同，数据分为内存数据和外存数据两大类。

1.3.1　内存数据的基本组织和管理方式——数据结构

内存数据的特点是：数据量相对比较少，可以存放在内存中，数据处理程序可以直接使用这些数据，这些数据包括简单数据、线性数据、层次数据和网状数据。

1. 数据结构的概念

数据的组织和管理基本方式称为数据结构。**数据结构研究数据的逻辑结构、物理结构以及它们之间的相互关系，并对这种结构定义相应的运算。**

2. 数据结构的分类

(1)按照数据元素相互之间的关系，数据结构通常分为集合、线性结构、树和图四类基本结构，如图 1.3.1 所示。

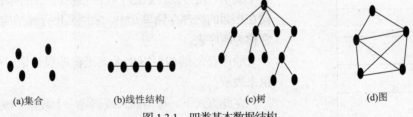

(a)集合　　　(b)线性结构　　　(c)树　　　(d)图

图 1.3.1　四类基本数据结构

集合：数据元素除了同属于一种类型外，别无其他关系。

线性结构：数据元素之间存在一对一的关系。

树：数据元素之间存在一对多的关系。

图：数据元素之间存在多对多的关系。

(2)按照数据的线性程序，数据结构分为线性结构和非线性结构两大类。

①线性结构。线性结构的条件是：有且只有一个根节点；每一个节点最多有一个前件，也最多有一个后件。常见的线性结构有线性表、栈、队列和线性链表等。

②非线性结构。不满足线性结构条件的数据结构称为非线性结构，常见的非线性结构有树和图。

(3)按照数据结构的层次不同，数据结构分为逻辑结构和存储结构两大类。

①逻辑结构。逻辑结构是对数据集合中各数据元素之间所固有的逻辑关系的抽象描述。

②存储结构。存储结构又称为物理结构，是数据的逻辑结构在计算机存储空间中的存放形式。同一种逻辑结构的数据可以采用不同的存储结构，但会影响数据处理效率。

数据的存储结构主要有顺序、链式两种。

顺序存储结构是把逻辑上相邻的节点存储在物理位置相邻的存储单元里，节点间的逻辑关系由存储单元的邻接关系来体现。

链式存储结构不要求逻辑上相邻的节点在物理位置上也相邻，节点间的逻辑关系是由附加的指针字段表示的。

3. 集合

集合(简单数据)是指比较简单的数据，即少量相互间没有太大关系的数据。例如，在计算某方程组的解时，中间的计算结果数据可以存放在内存中以便以后调用。在程序设计语言中，往往用变量来实现。

4. 线性数据

线性数据(线性表)是指同类的批量数据，也称为线性表。例如，英文字母表(A、B、…、Z)，1000个学生的学号和成绩，3000个职工的姓名和工资、一年中的四个季节(春、夏、秋、冬)等。

线性数据的组织方法在计算机中一般有两种：连续方式和非连续方式。在数据存储结构中称为顺序存储结构和链表结构。

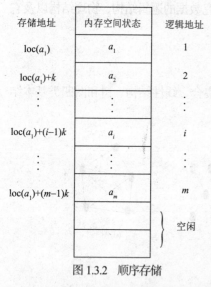

图 1.3.2　顺序存储

1) 连续方式——顺序存储结构

连续方式是指将数据存放在内存中的某个连续区域。在图 1.3.2 中，假设线性表中有 n 个元素，每个元素占 k 个单元，第一个元素的地址为 $\mathrm{loc}(a_1)$，则第 i 个元素的地址 $\mathrm{loc}(a_i)$ 为 $\mathrm{loc}(a_i)=\mathrm{loc}(a_1)+(i-1)\times k$，其中 $\mathrm{loc}(a_1)$ 称为基地址。

顺序存储结构采用一组地址连续的存储单元依次存储各个元素，使得线性数据中在逻辑结构上相邻的数据元素存储在相邻的物理存储单元中，采用顺序存储结构的线性表通常称为顺序表。

顺序存储结构可以借助高级程序设计语言中的一维数组来表示。

在此方式下，每当插入或删除一个数据，该数据后面的所有数据都必须向后或向前移动。因此，这种方式比较适合数据相对固定的情况。

2) 非连续方式——链表结构

非连续方式是指将数据分散地存放在内存中，每个数据存放一个位置，这些位置一般不连续。

方法是：扩大每个数据的存储区域，该区域除了存放数据本身外，还存放其后面一个数据的位置信息。

数据元素的逻辑顺序是通过链表中的指针连接来实现的。在链表结构中，每个节点由两部分组成：一部分用于存放数据元素的值，称为数据域；另一部分用于存放指针，称为指针域，用于指向该节点的前一个或后一个节点(前件或后件)。对于最后一个数据，就填上一个表示结束的特殊值，这种像链条一样的数据组织方法也称为**链表结构**。设一个头指针 head 指向第一个节点。指定线性表中最后一个节点的指针域为"空"(NULL)，如图 1.3.3 所示。

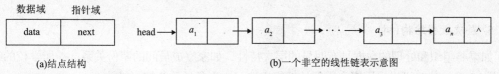

(a)结点结构　　　　　　　　　　(b)一个非空的线性链表示意图

图 1.3.3　链表结构

【例 1.3.1】　线性表(A，B，C，D，E，F，G)的单链表存储结构如图 1.3.4 所示，整个链表的存取需从头指针域开始进行，依次顺着每个节点的指针域找到线性表的各个元素。

在此方式下，每当插入或删除一个数据，可以方便地通过修改相关数据的位置信息来完成。因此，这种方式比较适合数据相对不固定的情况。

头指针 head 位置：16

存储地址	数据域	指针域
1	D	55
8	B	22
22	C	1
37	F	25
16	A	8
25	G	NULL
55	E	37

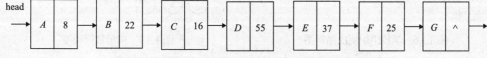

图 1.3.4　线性表(A, B, C, D, E, F, G)的单链表存储结构

线性数据组织方式常用的有栈和队列两种。

(1)栈。如果对线性数据操作增加如下规定：数据的插入和删除必须在同一端进行，每次只能插入或删除一个数据元素，则这种线性数据组织方式就称为**栈结构**。通常将表中允许进行插入、删除操作的一端称为栈顶(Top)。同时表的另一端被称为栈底(Bottom)。当栈中没有元素时称为空栈。

栈的插入操作被形象地称为进栈或入栈，删除操作称为出栈或退栈。

栈是先进后出(First In Last Out，FILO)的结构，如图 1.3.5(a)所示。日常生活中铁路调度就是栈的应用，如图 1.3.5(b)所示。

(a)栈　　　　　　　　　　(b)铁路调度示意图

图 1.3.5　栈和栈的应用

(2)队列。如果对线性数据操作增加如下规定：只允许在表的一端插入元素，而在另一端删除元素，则这种线性数据组织方式称为队列。

队列具有先进先出(First In First Out，FIFO)的特性。在队列中，允许插入的一端叫做队尾(Rear)，允许删除的一端称为队头(Front)。

队列运算包括：入队运算——从队尾插入一个元素；退队运算——从队头删除一个元素。日常生活中排队就是队列的应用。

5. 层次数据结构(树)

如果要组织和处理的数据具有明显的层次特性，如家庭成员间的辈份关系、一所学校的组织图(图1.3.6)，这时可以采用层次数据的组织方法，也形象地称为树形结构。

层次模型是数据库系统中最早出现的数据模型，用树形结构来表示各类实体以及实体间的联系。层次数据库是将数据组织成树形结构，并用一对多的关系连接不同层次的数据库。

严格地讲，满足下面两个条件的基本层次联系的集合称为**树形数据模型或层次数据模型**。

(1)有且只有一个节点没有双亲节点，这个节点称为根节点。

(2)根以外的其他节点有且只有一个双亲节点，如图1.3.7所示。

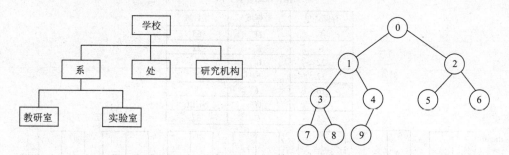

图1.3.6　学校组织层次结构图　　　　　图1.3.7　树形数据模型

树在计算机领域也有着广泛的应用，例如，在编译程序中，用树来表示源程序的语法结构；在数据库系统中，可用树来组织信息；在分析算法的行为时，可用树来描述其执行过程。

6. 图状数据

有时还会遇到更复杂的数据关系，满足下面两个条件的基本层次联系的集合称为**图状数据模型**。

(1)允许一个以上的节点无双亲节点。

(2)一个节点可以有多于一个的双亲节点。

例如，在本章国际会议排座位问题中，可以将问题转化为找到一条哈密顿回路的问题。

【例1.3.2】　哥尼斯堡七桥问题。

17世纪的东普鲁士有一座哥尼斯堡城，城中有一座奈佛夫岛，普雷格尔河的两条支流环绕其旁，并将整个城市分成北区、东区、南区和岛区4个区域，全城共有7座桥将4个城区相连，人们可以通过这7座桥到各城区游玩。

人们常通过这7座桥到各城区游玩，于是产生了一个有趣的数学难题：寻找走遍这7座桥，且只允许走过每座桥一次，最后又回到原出发点的路径。该问题就是著名的"哥尼斯堡七桥问题"，如图1.3.8所示。

1736年，29岁的欧拉向圣彼得堡科学院递交了《哥尼斯堡的七座桥》的论文，在解答问题的同时，开创了数学的一个新的分支——图论与几何拓扑。把它转化成一个几何问题——一笔画问题。欧拉抽象出了问题最本质的东西，忽视问题非本质的东西(如桥的长度等)，把每一块陆地考虑成一个点，连接两块陆地的桥以线表示，并由此得到了如图1.3.9所示的几何图形。若分别用A、B、C、D四个点表示哥尼斯堡的四个区域，这样著名的"哥尼斯堡七桥问题"便转化为是否能够用一笔不重复地画出过此七条线的问题了。他不仅解决了此问题，且提出了要使得一个图形可以一笔画，必须满足如下两个条件：图形必须是连通的；图中的"奇点"个数是0或2(奇点是指连到一点的数目是奇数条)。

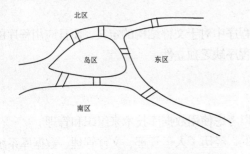

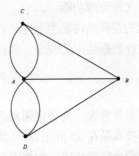

图 1.3.8　哥尼斯堡七桥问题　　　　　　　图 1.3.9　简化后的一笔画问题

由此判断该问题中4个点全是奇点，可知图不能一笔画出，也就是不可以不重复地通过所有桥。

哈密顿回路问题与欧拉回路问题的不同点是：哈密顿回路问题是访问每个节点一次，而欧拉回路问题是访问每条边一次。

欧拉的论文为图论的形成奠定了基础。图论是对现实问题进行抽象的一个强有力的数学工具，已广泛应用于计算学科、运筹学、信息论、控制论等学科。

在实际应用中，有时图的边或弧上往往与具有一定意义的数有关，即每一条边都有与它相关的数，称为权，这些权可以表示从一个顶点到另一个顶点的距离或耗费等信息，这种带权的图叫做赋权图或网，如图1.3.10所示。

可以利用算法求出图中的最短路径、关键路径等，因此图可以用来解决多类问题：电路网络分析、线路的铺设、交通网络管理、工程项目进度安排、商业活动安排等，是一种应用极为广泛的数据结构。

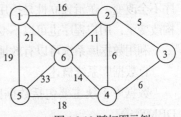

图 1.3.10 赋权图示例

网状模型与层次模型的区别在于：网状模型允许多个节点没有双亲节点；网状模型允许节点有多个双亲节点；网状模型允许两个节点之间有多种联系(复合联系)；网状模型可以更直接地描述现实世界；层次模型实际上是网状模型的一个特例。

思 考 与 探 索

链式结构这种非连续存储方式中，每个数据都增加了存放位置信息的空间，所以是靠空间来换取数据频繁插入和删除等操作的时间的设计，这种空间和时间的平衡问题是计算机中算法和方法设计中的经常要考虑的问题。

1.3.2　外存数据的基本组织和管理方式——文件系统和数据库

外存数据的特点是：数据量比较大，需要长期保存，不可能将所有数据存放在内存中，数据处理程序必须通过专用的数据管理系统，从外存中将当前需要的数据调入内存，大部分暂时不用的数据则放在外存中。

组织和管理外存数据的基本方式有文件系统和数据库系统。

1. 文件系统

在较为复杂的线性表中，数据元素(Data Element) 可由若干数据项组成，由若干数据项组成的数据元素称为记录(Record)，由多个记录构成的线性表称为文件(File)。

以文件方式进行数据组织和管理，一般需要进行文件建立、文件使用、文件删除、文件复制和移动等基本操作，其中文件的使用必须经过打开、读、写、关闭四个基本步骤。程序设计语言一般都提供了文件管理功能。

一旦数据的逻辑结构发生变化，就必须修改程序中对于文件结构的定义，而且应用程序的改变也会影响文件数据结构的改变，因此，数据和程序缺乏独立性。

2. 数据库系统

如果数据量非常大，关系也很复杂，这时可以考虑使用数据库技术来组织和管理。

数据管理技术是在20世纪60年代后期出现的，经历了人工管理、文件管理、数据库系统三个阶段，与前两个阶段相比，数据库系统具有以下特点。

数据结构化：在数据库系统中数据是面向整个组织的，具有整体的结构化。同时存取数据的方式可以很灵活，可以存取数据库中的某一个数据项、一组数据项、一条记录或者一组记录。

共享性高，冗余度低，易扩充：数据库系统中的数据不再面向某个应用而是面向整个系统，因而可以被多个用户、多个应用共享使用。使用数据库系统管理数据可以减少数据冗余度，并且数据库系统弹性大，易于扩充，可以适应各种用户的要求。

数据独立性高：数据独立性包括数据的物理独立性和数据的逻辑独立性。物理独立性是指用户的应用程序与存储在磁盘上的数据库中的数据是相互独立的。数据的物理存储改变了，应用程序不会改变。逻辑独立性是指用户的应用程序与数据库的逻辑结构是相互独立的，数据的逻辑结构改变了，用户程序也可以不变。

利用数据库系统可以有效地保存和管理数据，并利用这些数据得到各种有用的信息。

1) 数据库系统概述

数据库系统主要包括数据库(Database)和数据库管理系统(Database Management System，DBMS)等。

(1) 数据库。数据库是长期存储在计算机内的、有组织的、可共享的数据集合。数据库中的数据按一定的数据模型组织、描述和存储，具有较小的冗余度、较高的数据独立性和易扩展性，并可为各种用户共享。

(2) 数据库管理系统。数据库管理系统具有建立、维护和使用数据库的功能；具有面向整个应用组织的数据结构，高度的程序与数据的独立性，数据共享性高、冗余度低、一致性好、可扩充性强、安全性和保密性好、数据管理灵活方便等特点；具有使用方便、高效的数据库编程语言的功能；能提供数据共享和安全性保障。

数据库系统包括两部分软件——应用层与数据库管理层。

应用层软件负责数据库与用户之间的交互，决定整个系统的外部特征。例如，采用问答或者填写表格的方式与用户交互，也可以采用文本或图形用户界面的方式等。

数据库管理系统负责对数据进行操作，如数据的添加、修改等，是位于用户与操作系统之间的一层数据管理软件，主要有以下几个功能。

①数据定义功能：提供数定义语言，以对数据库的结构进行描述。

②数据操纵功能：提供数据操纵语言，用户通过它实现对数据库的查询、插入、修改和删除等操作。

③数据库的运行管理：数据库在建立、运行和维护时由DBMS统一管理、控制，以保证数据的安全性、完整性、系统恢复性等。

④数据库的建立和维护功能：数据库的建立、转换，数据的转储、恢复，数据库性能监视、

分析等，这些功能需要由 DBMS 完成。

(3) 数据库管理员。数据库和人力、物力、设备、资金等有形资源一样，是整个组织的基本资源，具有全局性、共享性的特点，因此对数据库的规划、设计、协调、控制和维护等需要专门人员来统一管理，这些人员统称为数据库管理员。

2) 数据模型

各个数据以及它们相互间的关系称为数据模型。数据库依据结构划分主要有 4 种数据模型，即层次型、网状型、关系型和面向对象型。

关系模型是 1970 年 IBM 公司的研究员 Codd 首次提出的，是目前最重要的一种数据模型，它建立于严格的数学概念基础上，具有严格的数学定义。20 世纪 80 年代以来推出的数据库管理系统几乎都支持关系模型，关系数据库系统采用关系模型作为数据的组织方式。关系型数据模型应用最为广泛，如 SQL Server、MySQL、Oracle、Access、Sybase 等都是常用的关系型数据库管理系统。

关系模式是对关系的描述，是由关系名及其所有属性名组成的集合。其格式为：关系名(属性 1，属性 2，…)，例如，表 1.3.1 的学生成绩管理(学号，姓名，高数，英语，计算机)等。

关系模型中数据的逻辑结构实际上就是一个二维表，它应具备如下条件。

(1) 关系模型要求关系必须是规范化的。最基本的一个条件是：关系的每一个分量必须是不可分的数据项。

(2) 表中每一列的名称必须唯一，且每一列除标志外，必须有相同的数据类型。

(3) 表中不允许有内容完全相同的元组(行)。

(4) 表中的行或列的位置可以任意排列，并不影响所表示的信息内容。

表 1.3.1　学生成绩表

学号	姓名	高数	英语	计算机
130840101	张三	90	87	92
130740103	李四	77	88	96
130840102	王五	89	97	87
…	…	…	…	…

思 考 与 探 索

从抽象到具体的实现思想：数据库技术来源于现实世界的数据及其关系的分析和描述。首先建立抽象的概念模型，然后将概念模型转换为适合计算机实现的逻辑数据模型，最后将数据模型映射为计算机内部具体的物理模型(存储结构)。

1.4　软件与软件工程

1.4.1　什么是软件

根据国际标准化组织的定义，软件是"与计算机系统操作有关的程序、过程、规则，以及任何有关的文档资料和数据"。程序是计算机可以执行的程序以及与程序有关的数据，文档是用来描述、使用和维护程序及数据所需要的图文资料。

按功能可将软件划分为系统软件和应用软件。

1. 系统软件

系统软件是计算机系统的底层管理软件，它与计算机硬件紧密配合，管理与硬件相关的数据输入、处理和输出，使计算机系统的各个部分协调、高效地工作，如操作系统、数据库管理系统等。

2. 应用软件

应用软件是为解决某种专门问题而设计的软件，包括应用软件包，以及为解决科研及生产中的实际问题而由用户设计的应用软件，如文字处理软件、CAD 软件、城市交通监管系统、生产设备的自动控制系统软件等。

想想议议：到现在为止，学过和使用过哪类软件？

软件是指为运行、管理和维护计算机而编制的各种程序、数据和文档的总称。随着问题规模的增大，局部的一个算法已经不是主要考虑因素，程序只是软件的一部分，还必须考虑软件的体系结构、人员管理、项目管理(质量、成本、开发周期等)、文档管理等，必须构建一个系统来解决问题，如企业生产计划管理、员工管理、物流调度等。因此，计算机科学引入工程化的管理思想，**以工程化的思想和方法来管理整个大型软件产品，这就是软件工程。**

1.4.2 软件工程的概念

软件工程概念的出现源自软件危机。

20 世纪 60～70 年代出现了软件危机。**所谓软件危机，是指在软件开发和维护过程中所遇到的一系列严重问题。**

具体地说，在软件开发维护过程中，软件危机主要表现在以下几方面。

(1)软件开发没有真正的计划性，对软件开发进度和软件开发成本的估计常常很不准确，计划的制定带有很大的盲目性，因此工期超出、成本失控的现象经常困扰着软件开发者。

(2)对于软件需求信息的获取常常不充分，软件产品往往不能真正地满足用户的实际需求。

(3)缺乏良好的软件质量评测手段，从而导致软件产品的质量常常得不到保证。

(4)对于软件的可理解性、可维护性认识不够；软件的可复用性、可维护性不如人意。

(5)有些软件难以理解，缺乏可复用性引起的大量重复性劳动极大地降低了软件的开发效率。

(6)软件开发过程没有实现规范化，缺乏必要的文档资料或者文档资料不合格、不准确，难以进行专业的维护。

(7)软件开发的人力成本持续上升，例如，美国在 1995 年的软件开发成本已经占到了计算机系统成本的 90%。

(8)缺乏自动化软件开发技术，软件开发的生产率依然低下，远远满足不了急剧增长的软件需求。

20 世纪 60 年代末，美国的一位著名计算机专家指出："即使细心地编写程序，每 200～300 条指令中必定有一个错误。"由于美国当时缺乏软件人员，计算机公司大量招聘程序员，甚至公共汽车司机也被招去，因此粗制滥造的软件大量涌向市场。1968 年，有人在一次计算机软件学术会议上说："整个事业建立在一个大骗局上。"可见，软件危机已发展到何种程度，它已经明显地影响了社会的发展。计算机科学在软件危机中挣扎，社会在为软件危机付出沉重的代价。

【例 1.4.1】 软件危机实例。

IBM 公司在 1963～1966 年开发的 IBM360 操作系统，花费了 5000 人一年的工作量，最多时有 1000 人投入开发工作，写出了近 100 万行源程序代码，结果每次发行的新版本都是从前一版本中找出 1000 个程序错误而修正的。

这个项目的负责人 Brooks 事后总结沉痛教训时说："正像一只逃亡的野兽落到泥潭中做垂死的挣扎，越是挣扎，陷得越深。最后无法逃脱灭顶的灾难……"

为了消除软件危机，通过认真研究解决软件危机的方法，认识到软件工程是使计算机软件走向工程科学的途径，逐步形成了软件工程的概念，开辟了工程学新兴领域——软件工程学。

软件工程是从技术和管理两方面来采取措施，防范软件危机的发生。软件开发不是某种个体劳动的神秘技巧，而应当是一种组织良好且管理严密，分析、设计、编码、测试等各类人员协同配合、共同完成的工程项目。在软件开发过程中，必须充分吸收和借鉴人类长期以来从事各种工程项目所积累的行之有效的原理、概念、技术和方法，特别要注意吸收几十年来在计算机硬件研究和开发中积累的经验、教训。

(1)从管理层面考虑，应当注意推广和使用在实践中总结出来的开发软件的成功的技术和方法，并且探索更好的、更有效的技术和方法，注意积累软件开发过程中的经验数据财富，逐步消除在计算机系统早期发展阶段形成的一些错误概念和做法。建立适合于本组织的软件工程规范；制定软件开发中各个工作环节的流程文件、工作指南和阶段工作产品模板；实施针对软件开发全过程的计划跟踪和品质管理活动；为每一项工程开发活动建立配置管理库；实施严格的产品基线管理并建立软件过程数据库和软件财富库；为各类员工及时提供必要的培训等都是加强软件开发活动管理工作的有效手段。

(2)从技术角度考虑，应当开发和使用更好的软件开发工具，提高软件开发效率和开发工作过程的规范化程度。

软件工程是应用于计算机软件的定义、开发和维护的一整套方法、工具、文档、实践标准和工序。

软件工程包括3个要素，即方法、工具和过程。方法是完成软件工程项目的技术；工具支持软件的开发、管理、文档生产；过程支持软件开发的各个环节的控制、管理。

软件工程的核心思想是把软件产品看作一个工程产品来处理。把需求计划、可行性研究、工程审核、质量监督等工程化的概念引入软件生产中，以满足工程项目的3个基本要素：进度、经费和质量。

1.4.3 软件生命周期——以学生管理系统为例

本书以"学生管理系统"这个工程项目为例，介绍软件分析、设计和编程的整个过程。

一般来说，软件产品从策划、定义、开发、使用与维护直到最后废弃，要经过一个漫长的时期，通常把这个时期称为软件的生命周期，即一个软件从提出开发要求到该软件退役的整个时期。可以将软件生命周期分成软件定义、软件开发和运行与维护三个阶段，每个时期又进一步划分成若干阶段。

1．软件定义

软件定义时期的任务是：确定软件开发工程必须完成的总目标；确定工程的可行性；给出实现工程目标应该采用的策略及系统必须完成的功能；估计完成该项工程需要的资源和成本，并且制定工程进度表。这个时期的工作通常又称为系统分析，由系统分析员负责完成。

软件定义时期通常进一步划分成3个阶段，即问题定义、可行性研究和需求分析。

1)问题定义

问题定义阶段必须回答的关键问题是："问题是什么?"，如果不知道问题是什么就试图解决这个问题，这显然是盲目的，只会白白浪费时间和金钱，最终得出的结果很可能是毫无意义的。尽管确切地定义问题的必要性是十分明显的，但在实践中它可能是最容易被忽视的一个步骤。

通过对客户的访问调查，系统分析员扼要地写出关于问题性质、工程目标和工程规模的书面报告，经过讨论和必要的修改之后这份报告还需得到客户的确认。

对于"学生管理系统"，通过调研发现，学校在日常教学活动中出现的主要问题包括以下几方面。

(1)学校现行的学籍档案等管理方式仍为基于文本、表格等纸介质的传统手工处理方式，管理没有完全科学化、规范化，处理速度较慢，因此影响各项工作的开展，难以进行有效的信息反馈。

(2)学校领导对整个学校的学生信息不能得到及时反馈，因此不能适时指导教学方向，以至于影响教育质量。

(3)部门之间信息交流少，信息渠道单一，不利于协调工作，容易出错。因此，通过建立学生管理信息系统，使学生管理工作科学化、规范化、程序化，促使提高信息处理的速度和正确性，第一时间把握学生信息，以提高整体教学和管理水平。

因此，确定系统的目标为：学生管理系统是一个现代化软件系统，它通过集中式的信息数据库将各种档案管理功能结合起来，达到共享数据、降低成本、提高效率、改进服务的目的，实现学生信息关系的数据化、智能化、系统化、规范化、无纸化和自动化，具体应达到以下目标。

(1)能够管理学生在校期间的各类档案。

(2)能够快速地进行各类档案信息查询。

(3)能够对所有档案信息提供报表功能。

(4)减少人员的参与和基础信息的录入，具有良好的自治功能和信息循环。

(5)减轻管理人员的工作任务，降低管理成本。

2) 可行性研究

这个阶段要回答的关键问题是："**有可行的解吗？**"，为了回答这个问题，系统分析员需要在较抽象的高层次上进行分析和设计。可行性研究应该比较简短，这个阶段的任务不是具体解决问题，而是研究问题的范围，探索这个问题是否值得去解，是否有可行的解决办法。

这个阶段要编写可行性研究报告，提醒用户和使用部门仔细审查，从而决定该项目是否进行开发，是否接受可行的实现方案。包括经济可行性分析结果(经费概算和预期的经济效益等)、技术可行性结果(技术实力分析、技术风险评价、已有的工作及技术基础和设备条件等)、法律可行性分析结果、可用性评价结果(汇报用户的工作制度和人员的素质，确定人机交互功能界面需求)。

通过调查分析，本系统设计方案主要从三方面考虑可行性。

(1)技术可行性：本系统采用 Windows 作为操作平台，数据库管理系统选用 Access，可代替现有的数据手工传递工作，降低出错率，提高数据的可用性。本系统的应用软件开发平台选用 Visual Basic 6.0，这是目前最常用的开发工具之一。

(2)经济可行性：采用新的学生管理系统可减少人工开支，节省资金，并且可大大提高信息量的获取速度，缩短信息处理周期，提高学生信息利用率，使教学质量更上一个台阶。

(3)营运可行性：本系统操作简单，易于理解，只需通过简单培训，上手较快，学校的相关教师均能进行操作，运行环境要求低。

通过可行性分析研究，认为学生管理系统的开发方案切实可行，可以进行开发。

3) 需求分析

这个阶段的任务仍然不是具体地解决问题，而是准确地确定"**系统必须做什么？**"，主要是确定，系统必须具备哪些功能。

用户了解他们所面对的问题，知道必须做什么，但通常不能完整准确地表达出他们的要求，更不知道怎样利用计算机解决他们的问题；软件开发人员知道怎样用软件实现具体的要求，但是对特定用户的具体要求并不完全清楚。因此，系统分析员在需求分析阶段必须和用户密切配合，充分交流信息，以得出经过用户确认的系统逻辑模型。通常用数据流图、数据字典和简要的算法表示系统的逻辑模型。

在需求分析阶段确定的系统逻辑模型是以后设计和实现目标系统的基础，因此必须准确完整地体现用户的要求。这个阶段的一项重要任务是用正式文档准确地记录对目标系统的需求，这份文档通常称为需求规格说明书，主要包括以下两类需求。

(1)功能性需求：主要说明待开发系统在功能上实际应做到什么，是用户最主要的需求。

(2)非功能性需求：从各个角度对所考虑的可能的解决方案的约束和限制，主要包括：过程需求(如交付需求、实现方法需求等)、产品需求(如可靠性需求、可移植性需求、安全保密性需求等)和外部需求(如法规需求、费用需求等)等。

与用户沟通获取需求的方法很多，包括访谈、发放调查表、使用情景分析技术、使用快速软件原型技术等。

针对学生管理的特点，学生管理系统需要完成的主要功能有以下几方面。

(1)有关学籍等信息的输入，包括学生基本信息、所在班级等。

(2)学生信息的查询，包括学生基本信息、已学课程和成绩等。

(3)学生信息的修改。

(4)学生成绩信息的输入、查询和修改。

(5)学生成绩信息的统计。

2. 软件开发

软件开发时期的任务是：即设计和实现在前一个时期定义的软件，它通常由下述 4 个阶段组成：总体设计、详细设计、编码和单元测试、综合测试。其中前两个阶段又称为系统设计，后两个阶段又称为系统实现。

1)总体设计

总体设计又称为概要设计，是设计系统总的处理方案。这个阶段的关键问题是：**"概括地说，应该如何解决这个问题？"**

首先，应该设计出实现目标系统的几种可能的方案。通常至少应该设计出低成本、中等成本和高成本等三种方案。软件工程师应该用适当的表达工具描述每种方案，分析每种方案的优缺点，并在充分权衡各种方案利弊的基础上推荐一个最佳方案。此外，还应该制定出实现最佳方案的详细计划。如果客户接受所推荐的方案，则应该进一步完成下述的另一项主要任务。

上述设计工作确定了解决问题的策略及目标系统中应包含的程序，但是怎样设计这些程序呢?软件设计的一条基本原则就是程序应该模块化，也就是说，一个程序应该由若干规模适中的模块按合理的层次结构组织而成。因此，总体设计的另一项主要任务就是设计程序的体系结构，也就是确定程序由哪些模块组成以及模块间的关系。

学生管理系统的功能模块图如图 1.4.1 所示。

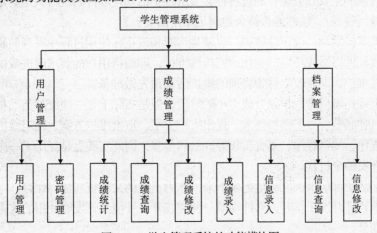

图 1.4.1　学生管理系统的功能模块图

2）详细设计

总体设计阶段以比较抽象概括的方式提出了解决问题的方法。详细设计阶段的任务就是把解法具体化，也就是回答关键问题："应该怎样具体地实现这个系统呢？"

这个阶段的任务还不是编写程序，而是设计出程序的详细规格说明。这种规格说明的作用类似于其他工程领域中工程师经常使用的工程蓝图，它们应该包含必要的细节，程序员可以根据它们写出实际的程序代码。

详细设计也称为模块设计，在这个阶段将详细地设计每个模块，确定实现模块功能所需要的算法和数据结构。

3）编码和单元测试

这个阶段的关键任务是写出正确的、容易理解的、容易维护的程序模块。这个阶段的关键问题是："程序是否正确？"

程序员应该根据目标系统的性质和实际环境，选取一种适当的高级程序设计语言（必要时用汇编语言），把详细设计的结果翻译成用选定的语言书写的程序，并且仔细测试编写出的每一个模块。

4）综合测试

这个阶段的关键任务是通过各种类型的测试（及相应的调试）使软件达到预定的要求。这个阶段的关键问题是："程序是否符合要求？"

最基本的测试是集成测试和验收测试。所谓集成测试是根据设计的软件结构，把经过单元测试检验的模块按某种选定的策略装配起来，在装配过程中对程序进行必要的测试。所谓验收测试则是按照规格说明书的规定，由用户对目标系统进行验收。

必要时还可以再通过现场测试或平行运行等方法对目标系统进行进一步的测试检验。

为了使用户能够积极参加验收测试，并且在系统投入生产性运行以后能够正确有效地使用这个系统，通常需要以正式或非正式的方式对用户进行培训。

通过对软件测试结果的分析可以预测软件的可靠性；反之，根据对软件可靠性的要求，也可以决定测试和调试过程何时可以结束。

应该用正式的文档资料把测试计划、详细测试方案以及实际测试结果保存下来，作为软件配置的一个组成部分。

3. 软件维护

软件维护时期的主要任务是：通过各种必要的维护活动使软件系统持久地满足用户的需要。这个阶段的关键问题是："软件能否持久地满足用户需要？"

通常有四类维护活动：改正性维护，也就是诊断和改正在使用过程中发现的软件错误；适应性维护，即修改软件以适应环境的变化；完善性维护，即根据用户的要求改进或扩充软件使它更为完善；预防性维护，即修改软件为将来的维护活动预先做准备。

虽然没有把维护阶段进一步划分成更小的阶段，但是实际上每一项维护活动都应该经过提出维护要求（或报告问题）、分析维护要求、提出维护方案、审批维护方案、确定维护计划、修改软件设计、修改程序、测试程序、复查验收等一系列步骤，因此实质上是经历了一次压缩和简化了的软件定义和开发的全过程。

每一项维护活动都应该被准确地记录下来，作为正式的文档资料加以保存。

在实际从事软件开发工作时，软件规模、种类、开发环境及开发时使用的技术方法等因素都会影响阶段的划分。

软件生命周期中花费最多的阶段是软件运行维护阶段。这种按时间分段的思想方法是软件工程中的一种思想原则，即按部就班、逐步推进，每个阶段都要有定义、工作、审查并形成文档以供交流或备查，以提高软件的质量。但随着新的面向对象的设计方法和技术的逐渐成熟，软件生命周期设计方法的指导意义正在逐步减少。

1.4.4 软件工程方法

软件研究人员在不断地探索新的软件开发方法，至今已形成了多种软件工程方法，常用的主要有以下几种。

1. 结构化方法（面向过程的软件开发方法）

1978 年，Yourdon 和 Constantine 提出了结构化方法，即 SASD 方法，也称为面向功能的软件开发方法或面向数据流的软件开发方法。它是 20 世纪 80 年代使用最广泛的软件开发方法。它首先用结构化分析（SA）方法对软件进行需求分析，然后用结构化设计（SD）方法进行总体设计，最后是结构化编程（SP）。这一方法开发步骤明确，SA、SD、SP 相辅相成、一气呵成。

结构化程序定理认为：任何一个可计算的算法都可以只用顺序、选择和循环三种基本结构来表达。结构化程序设计强调使用子程序、程序块和包括 for 循环等在内的控制语句来规划程序的结构，并尽可能地少用 goto 语句。

常用的结构化程序设计语言有 C、Pascal、Fortran、BASIC 等。

结构化方法又称为面向过程的软件开发方法，问题被看作一系列需要完成的任务，即一步一步地解决问题。

2. 面向对象的软件开发方法

面向对象出现以前，结构化方法是程序设计的主流，但结构化方法在处理某些复杂问题和系统时存在不足。例如，对于图形用户界面（GUI）程序，就不能使用面向过程的模式：对给定数据，按特定次序对数据进行操作，操作完毕程序即告结束。用户需要通过一些交互事件来告诉程序该如何操作数据，因此，GUI 程序的执行模式应该是：先建立一个图形界面，然后等待用户的不可预知的事件发生，只有事件发生后才执行某些操作，事件处理完毕又回到等待状态，不能预定义执行顺序。

面向对象的方法能够很好地适应 GUI。面向对象技术是软件技术的一次革命，在软件开发史上具有里程碑意义。

在 20 世纪 60 年代后期出现的面向对象编程语言 Simula-67 中首次引入了类和对象的概念，自 20 世纪 80 年代中期起，人们开始注重面向对象分析和设计的研究，逐步形成了面向对象方法学。到了 20 世纪 90 年代，面向对象方法学已经成为人们在开发软件时首选的范型。

随着 OOP（面向对象编程）向 OOD（面向对象设计）和 OOA（面向对象分析）的发展，最终形成面向对象的软件开发方法（Object Oriented Method，OOM）。面向对象技术在需求分析、可维护性和可靠性这三个软件开发的关键环节和质量指标上有了实质性的突破。

1）面向对象方法的优势

面向对象方法学的出发点和基本原则是尽可能模拟人类习惯的思维方式，使开发软件的方法与过程尽可能接近人类认知世界、解决问题的方法与过程，也就是使描述问题的问题空间（也称为问题域）与实现解法的解空间（也称为求解域）在结构上尽可能一致。

从本质上说，用计算机解决客观世界的问题，是借助某种程序设计语言的规定，对计算机中的实体施加某种处理，并用处理结果映射解。把计算机中的实体称为解空间对象，显然，解空间对象取决于所使用的程序设计语言。例如，汇编语言提供的对象是存储单元；面向过程的高级语言提供的对象是各种预定义类型的变量、数组、记录和文件等。一旦提供了某种解空间对象，就隐含规定了允许对该类对象施加的操作。从动态观点看，对对象施加的操作就是该对象的行为。

在问题空间中，对象的行为是极其丰富的，然而解空间中对象的行为却是非常简单呆板的。因此，只有借助十分复杂的算法才能操纵解空间对象，从而得到解。这就是人们常说的"语义断层"，也是长期以来程序设计始终是一门学问的原因。

通常，客观世界中的实体既具有静态的属性又具有动态的行为。然而传统语言提供的解空间对象实质上仅是描述实体属性的数据，必须在程序中从外部对它施加操作，才能模拟它的行为。

与传统方法相反，面向对象方法是一种以数据或信息为主线，把数据和处理相结合的方法。面向对象方法把对象作为由数据及可以施加在这些数据上的操作所构成的统一体。对象与传统的数据有本质区别，它不是被动地等待外界对它施加操作，相反，它是进行处理的主体。必须发出消息请求，对象才能主动地执行它的某些操作，处理它的私有数据，而不能从外界直接对它的私有数据进行操作。

面向对象方法学所提供的"对象"概念，是让软件开发者自己定义或选取解空间对象，然后把软件系统作为一系列离散的解空间对象的集合，应该使这些解空间对象与问题空间对象尽可能一致。这些解空间对象彼此间通过发送消息而相互作用，从而得出问题的解。

也就是说，**面向对象方法是一种新的思维方法，它把程序看作相互协作而又彼此独立的对象的集合。每个对象就像一个微型程序，有自己的数据、操作、功能和目的。**这样做就向着减少语义断层的方向迈了一大步，在许多系统中解空间对象都可以直接模拟问题空间的对象，解空间与问题空间的结构十分一致，因此，这样的程序易于理解和维护。

2)面向对象方法的要点

面向对象方法具有下述 4 个要点。

(1)认为客观世界的问题都是由客观世界中的实体及实体相互间的关系构成的。把客观世界中的实体抽象为问题域中的对象(Object)，即客观世界是由各种对象组成的，任何事物都是对象，复杂的对象可以由比较简单的对象以某种方式组合而成。按照这种观点，可以认为整个世界就是一个最复杂的对象。因此，**面向对象的软件系统是由对象组成的，软件中的任何元素都是对象，复杂的软件对象由比较简单的对象组合而成。**

由此可见，面向对象方法用对象分解取代了传统方法的功能分解。

对象是问题域或实现域中某些事物的抽象，反映了该事物在系统中需要保存的信息和发挥的作用；对象是数据和操作的封装体。对象的属性是指描述对象的数据。方法是为响应消息而完成的算法，表示对象内部实现的细节，对象方法集合体现了对象的行为能力。

(2)把所有对象都划分成各种对象类，简称类(Class)，每个对象类都定义了一组数据和一组方法。

类是对一个或几个相似对象的描述。类是具有相同(或相似)属性和操作的对象的集合，类是对象的抽象，而对象是类的具体实例化。换句话说，类是对象的模板，对象是类的实例(Instance)。

例如，整数是一个类，2、3 和 5 等这些具体整数都是这个类的对象，都具备算术运算和大小比较的处理能力。

(3)按照子类(或称为派生类)与父类(或称为基类)的关系，把若干对象类组成一个层次结构的系统(也称为类等级)。在这种层次结构中，通常下层的派生类具有和上层的基类相同的特性(包括数据和方法)，这种现象称为**继承**(Inheritance)。图 1.4.2 就是一个反映继承机制的例子。

图 1.4.2　继承举例

简单地说，当类 A 不但具有类 B 的属性，而且具有自己的独特属性时，这时称类 A 继承了类 B，继承关系常称为"即是"关系。类 A 由两部分组成：继承部分和增加部分。继承部分是从 B 继承来的，增加部分是专为 A 编写的新代码。

【例 1.4.2】 Visual Basic 中的继承是通过关键字 New 来实现的：

```
Dim AForm As New Form1    '声明AForm为一个窗体对象
Dim BForm As New Form1    '声明BForm为一个窗体对象
AForm.Show  '显示AForm
BForm.Show  '显示BForm
AForm.Move Left - 1000, Top + 1000    '移动AForm
BForm.Move Left + 2000, Top + 2000    '移动BForm
```

（4）对象彼此之间仅能通过**传递消息**互相联系。

消息用来请求对象执行某一处理或回答某些信息的要求，对象间的通信是通过消息传递来实现的。

对象与传统的数据有本质区别，它不是被动地等待外界对它施加操作，相反，它是进行处理的主体，必须发送消息请求执行它的某个操作，处理它的私有数据，而不能从外界直接对它的私有数据进行操作。也就是说，一切属于该对象的私有信息都被封装在该对象类的定义中，就好像装在一个不透明的黑盒子中一样，在外界是看不见的，更不能直接使用，这就是"**封装性**"。

封装是一种信息隐蔽技术，用户只能见到对象封装界面上的信息，对象内部对用户来说是隐蔽的。封装是将相关的数据隐藏在接口方法中。例如，登录窗口就是操作系统提供的隐藏计算机资源的一个接口方法；对于可视化开发工具提供的命令按钮等控件，用户可以方便地改变它的属性，而其实现细节都被封装起来了。如图 1.4.3 所示，在属性窗口中，将 Command1 的 Caption 属性由原来的 Command1 改成了"确定"。

图 1.4.3 可视化开发工具中的封装性

封装体现了良好的模块性，大大增强了软件的维护性、修改性，这也是软件技术追求的目标。

面向对象的方法学可以用下列方程来概括：

面向对象方法=对象+类+继承+使用消息通信

也就是说，面向对象就是既使用对象又使用类和继承等机制，并且对象之间仅能通过传递消息实现彼此通信。

【例 1.4.3】 "教师"类和其对象"李伟"的关系及其消息传递如图 1.4.4 所示。图中，"教师"类具有姓名、年龄等 5 个属性、调工资等 3 个操作、调工资和评职称 2 个方法。"教师"类中的一个实例就是对象"李伟"，他相应地具有状态和行为。人事处向李伟发送了消息"调工资"。

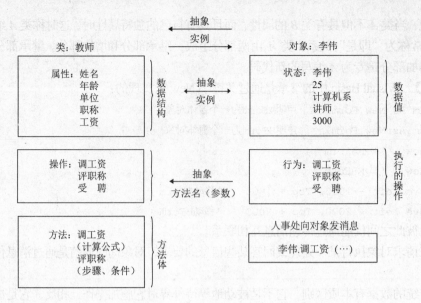

图 1.4.4 对象、类和消息传递

3. 可视化开发方法

可视化开发是 20 世纪 90 年代软件界最大的两个热点之一。随着图形用户界面的兴起,用户界面在软件系统中所占的比例也越来越大,为此 Windows 提供了应用程序接口(Application Programming Interface, API),它包含了 600 多个函数,极大地方便了图形用户界面的开发。人们利用 Windows API 或 Borland C++的 Object Windows 开发了一批可视化开发工具。

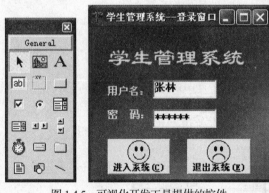

图 1.4.5 可视化开发工具提供的控件和用控件构造的程序界面

可视化开发就是在可视化开发工具提供的图形用户界面上,通过操作界面元素,如菜单、按钮、对话框、编辑框、单选按钮、复选框、列表框和滚动条等,由可视化开发工具自动生成应用软件。如图 1.4.5 所示,这类应用软件的工作方式是**事件驱动**。对于每一个事件,由系统产生相应的消息,再传递给相应的消息响应函数。这些消息响应函数是由可视化开发工具在生成软件时自动装入的。许多工程科学计算都与图形有关,从而都可以开发相应的可视化计算的应用软件。

4. 集成计算机辅助软件工程

提高人类的劳动生产率,提高生产的自动化程度,一直是人类坚持不懈追求的目标,软件开发也不例外。随着软件开发工具的积累,自动化工具的增多,软件开发环境进入了第三代集成计算机辅助软件工程(Integrated Computer-Aided Software Engineering, ICASE)。它不仅提供数据集成(1991 年 IEEE 为工具互连提出了标准 P1175)和控制集成(实现工具间的调用),还提供了一组用户界面管理设施和一大批工具,如垂直工具集(支持软件生存期各阶段,保证生成信息的完备性和一致性)、水平工具集(用于不同的软件开发方法)以及开放工具槽。

ICASE 的最终目标是实现应用软件的全自动开发,即开发人员只要写好软件的需求规格说明书，软件开发环境就可以自动完成从需求分析开始的所有软件开发工作，自动生成供用户直接使用的软件及有关文档。

5. 软件重用和组件连接

软件重用（Reuse）又称为软件复用或软件再用。1983年，Freeman对软件重用给出了详细的定义：在构造新的软件系统的过程中，对已存在的软件人工制品的使用技术。软件人工制品可以是源代码片断、子系统的设计结构、模块的详细设计、文档和某一方面的规范说明等。软件重用是利用已有的软件成分来构造新的软件，可以大大减少软件开发所需的费用和时间，且有利于提高软件的可维护性和可靠性。目前软件重用正沿着下面三个方向发展。

（1）基于软件复用库的软件重用。这是一种传统的软件重用技术，这类软件开发方法要求提供软件可重用成分的模式分类和检索，且要解决如何有效地组织、标识、描述和引用这些软件成分等问题。

（2）与面向对象技术结合。面向对象技术中类的聚集、实例对类的成员函数或操作的引用、子类对父类的继承等使软件的可重用性有了较大的提高，而且这种类型的重用容易实现。因此，这种方式的软件重用发展较快。

（3）组件连接。这是目前发展最快的软件重用方式，OLE给出了软件组件对象（Component Object）的接口标准，这样任何人都可以按此标准独立地开发组件和增值组件（组件上添加一些功能构成新的组件），或由若干组件组建集成软件。在这种软件开发方法中，应用系统的开发人员可以把主要精力放在应用系统本身的研究上，因为他们可在组件市场上购买所需的大部分组件。

软件组件市场/组件集成方式是一种社会化的软件开发方式，因此也是软件开发方式的一次革命，必将极大地提高软件开发的效率，而且应用软件开发周期将大大缩短，软件质量将更好，所需开发费用会进一步降低，软件维护也更加容易。

思 考 与 探 索

软件的设计与开发是从特殊到一般的抽象和归纳思维，而软件的应用是从一般到特殊的具体化和演绎思维。

项 目 交 流

分组自选角色扮演用户和项目开发人员，模拟进行项目需求分析，包括用户对"学生管理系统"都有哪些要求（包括功能、界面和操作模式等），项目开发人员应该怎样和用户进行交流。要求写出项目需求报告，然后共同分析项目实施的可行性。

项目需求记录

序号	模块名称	模块功能	实现方法和手段
1			
2			
3			
4			
5			

交回讨论记录摘要。记录摘要包括时间、地点、主持人（组长，建议轮流担任组长）、参加人员、讨论内容等。

基本知识练习

一、简答题

1. 什么是计算思维？

2. 什么是算法？算法应具备哪些特征？算法的描述方式有哪些？

3. 算法的基本控制结构有哪些？

4. 什么是数据结构？常用的数据结构有哪些？

5. 什么是数据库系统？列举生活中所用到的数据库系统的实例。

6. 什么是软件及软件工程？

7. 什么是对象？什么是类？简述面向对象方法的主要思想。

8. 参考例 1.4.3，使用面向对象方法的思想来分析学生选课系统中的对象，并写出其属性、操作和方法。

9. 有最好的软件工程方法、最好的编程语言吗？

10. 解析"软件=程序+数据+文档"的含义。

二、算法设计与描述题

1. 设计一个算法：输入系数 a、b、c，求二次方程 $ax^2+bx+c=0$ 的根。

2. 设计一个算法：输入 N 名学生的成绩，求出平均成绩。

3. 设计一个算法，求 $1+2+4+\cdots+2^n$，并画出程序流程图。

能力拓展与训练

一、调研与分析

1. 分组考察计算机软件开发公司，每组提交一份考察记录单，考察内容如下。

(1)针对具体的项目，公司给出的规划与构建方案。

(2)人员的分配情况。

(3)作为项目开发人员所应具备的素质。

(4)开发语言的选择。

2. 你还了解哪些高级语言及软件开发工具？它们和 VB 有哪些异同点？试进行分析与比较。

3. 利用计算机知识解决一个你专业领域的问题。

二、自主学习与探索

讨论分析下面的问题，搜索相关资料，提交一份学习报告。

假设你被任命为一家软件公司的项目负责人，你的工作是管理该公司已被广泛应用的字处理软件的新版本开发。由于市场竞争激烈，公司规定了严格的完成期限并且已对外公布。你打算如何开展这一项目的工作？为什么？

(1)与用户沟通获取需求的方法有哪些？

(2)软件的质量反映在哪些方面？

(3)汉语程序设计语言会不会成为一种发展方向？

三、思辩题

1. 在现在社会发展的大形势下，计算机对人的要求是什么？怎么可以学以致用？一个计算机"人才"应具备什么样的素质？

2. 在软件设计与开发过程中，领域专家和计算机专业人员谁更重要？

四、我的问题卡片

请把学习中(包括预习和复习)思考和遇到的问题写在下面的卡片上,然后逐渐补充简要的答案。

问题卡片

序号	问题描述	简要答案
1		
2		
3		
4		
5		

你 我 共 勉

万事开头难,每门科学都是如此。

——马克思

第2章 Visual Basic 概述

程序设计是对学生进行思维训练的一个最直接、最具操作性的平台。程序设计语言的学习要使学生掌握程序设计的计算思想体系和编程思路。Visual Basic 是一门由微软公司开发的包含协助开发环境的事件驱动型编程语言，具有简单、易学、易用的特点，得到了广泛的推广与应用。

2.1 Visual Basic 6.0 简介

对于一个初学者来说，以 Visual Basic（简称 VB）作为首次接触的语言是一种理想的选择，因为该语言不但简单易学，功能强大，且采用了面向对象的概念。Visual 是指开发图形用户界面的方法，使用该方法不需要编写大量代码描述界面元素的外观和位置，而只要把预先建立的对象拖到屏幕上。

BASIC（Beginners All-Purpose Symbolic Instruction Code）语言是一种在计算技术发展历史上应用最为广泛的语言。VB 在原 BASIC 的基础上进一步发展，至今已包含了数百条语句及关键词，其中很多与 Windows GUI 有直接关系。专业编程人员可以用 VB 实现 Windows 的任何编程语言的功能；对于初学者来说，只需要掌握几个关键词就可以建立简单的应用程序。

2.1.1 Visual Basic 6.0 的特点

无论用户开发小的应用程序，还是开发大型专业系统，甚至开发一个跨越 Internet 的分布式应用系统，VB 都可为用户提供合适的工具。

1. 可视化程序设计方法

用户利用系统提供的大量可视化控件，按设计要求的界面布局，在屏幕上画出各种图形对象，并设置这些图形对象的属性，VB 便自动产生界面设计代码，而用户只需编写实现程序功能的那部分代码即可，从而大大提高了程序设计效率。

2. 面向对象程序设计思想

VB 使用的编程思想和方法是面向对象的程序设计，在 VB 中用来构成图形界面的可视化控件就是对象。例如，窗体上有两个命令按钮，一个用来计算学生平均分数，一个用来打印数据，这两个按钮就是不同的对象，必须分别针对它们编写程序代码。

3. 事件驱动的编程机制

VB 通过事件来执行对象的操作。例如，Windows 桌面上的"开始"菜单就是一个对象，当用户单击该菜单时就在其上产生一个单击事件，而产生该事件时将执行一段程序，用来实现单击后要完成的功能。

4. 结构化程序设计语言

VB 具有高级程序设计语言的语句结构，语句简单易懂，并具有功能强大灵活的调试器和编译器。

5. 强大的数据库访问能力

VB 提供了强大的数据库管理和存取操作的能力。利用数据控件和数据库管理窗口能直接编辑和访问 Access、dBASE、FoxPro 等数据库，还能通过 VB 提供的开放式数据连接接口（ODBC），以直接访问或建立连接的方式使用并操作后台大型网络数据库，如 SQL Server、Oracle 等。VB 6.0 还新增了功能强大、使用方便的 ADO 技术，支持所有 OLE DB 厂商。

6. 高度的可扩充性

VB 支持第三方软件商为其开发的可视化控件对象，只要拥有此控件对象的 OCX 文件就可将其加入 VB 系统中；VB 提供了访问动态链接库（DLL）的功能；提供了访问和调用应用程序接口（API）函数的能力，API 是 Windows 环境中可供任何应用程序访问和调用的一组函数集合。

7. 支持动态数据交换

VB 提供了动态数据交换技术，可在应用程序中与其他应用程序建立动态数据交换，在不同的应用程序之间进行通信。

8. 支持对象链接和嵌入

对象链接和嵌入（OLE）技术是指将每个应用程序看成一个对象，将不同的对象链接起来，再嵌入某个应用程序中，使得 VB 能够开发集成声音、图像、文字等多种对象的应用程序。

2.1.2　Visual Basic 6.0 的启动

要使用 Visual Basic 6.0 程序设计语言进行程序设计，用户必须首先启动 Visual Basic 6.0，进入 Visual Basic 6.0 集成开发环境才能进行程序设计。

启动 Visual Basic 6.0 的常用方法有以下三种。

1. 利用"开始"菜单

单击"开始"按钮，选择"程序"→"在 Microsoft Visual Basic 6.0 中"→Visual Basic 6.0 命令即可启动 Visual Basic 6.0。启动后，一般首先看到的是"新建工程"对话框，如图 2.1.1 所示。单击"新建"选项卡中的"标准 EXE"图标，进入 Visual Basic 6.0 的集成开发环境。

图 2.1.1　"新建工程"对话框

Visual Basic 6.0 的集成开发环境主要包括以下元素。

(1)菜单栏：显示所有使用的 VB 命令。

(2)工具栏：在编程环境下提供对常用命令的快速访问。

(3)工具箱：提供一组工具，用于设计时在窗体中添加控件。

(4)工程资源管理器窗口：列出当前工程中的窗体和模块。

(5)属性窗口：列出对选定窗体和控件的属性设置值。

(6)窗体布局窗口：允许使用表示屏幕的小图像来布置应用程序中各窗体的位置。

2. 利用快捷方式

直接双击桌面上的 Visual Basic 6.0 快捷方式图标也可启动 Visual Basic 6.0。

3. 利用"资源管理器"

利用"资源管理器"找到 Visual Basic 6.0 系统中的 VB6.exe 类型的可执行文件，双击其图标即可启动 Visual Basic 6.0。

注意："新建"选项卡仅在启动 VB 6.0 时出现，在选择"文件"→"新建工程"命令时，出现的"新建工程"对话框中将不出现该选项卡。

2.2　认识 VB 的集成开发环境

所有的 VB 应用程序都是在 VB 集成开发环境(Integrated Development Environment，IDE)下开发的，VB 集成开发环境除了有 Windows 窗口中常见到的菜单栏和工具栏以外，还有工具箱、代码编辑器、窗体编辑器、工程资源管理器、属性窗口和窗体布局窗口等几部分，如图 2.2.1 所示。除此以外，运行程序时还有立即窗口、本地窗口和监视窗口。

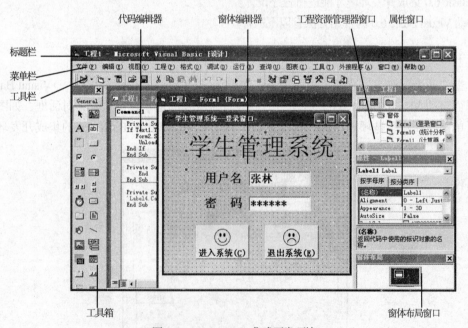

图 2.2.1　Visual Basic 集成开发环境

1. 标题栏

标题栏位于窗口的顶部，用来显示窗口的标题，在标题后面的方括号中指出当前应用程序所处的状态。图 2.2.1 标题栏显示的是"工程 1-Microsoft Visual Basic [设计]",表示当前处在 VB 环境,正在工作的是工程 1,处于设计状态。

说明:在 VB 中,应用程序所处的状态有设计状态、运行状态和调试状态 3 种。

2. 菜单栏

菜单栏位于标题栏的下方。菜单栏和工具栏是进行人机对话的途径,它们的使用与其他 Windows 应用程序中的用法是基本相同的,用户可通过鼠标或键盘对其进行操作。

菜单栏提供了可使用的 VB 命令,除提供一些标准的菜单项外,还提供了编程专用的功能菜单,如工程、格式、调试等。

3. 工具栏

工具栏在编程环境下以图标的形式提供了常用菜单命令的快捷访问方式,单击工具栏上的按钮就可以执行相应的操作。在 VB 中除了"标准"工具栏外,还提供了"编辑"、"窗体编辑器"和"调试"工具栏,用户可以根据需要打开或者关闭相应的工具栏。

4. 工具箱

工具箱提供了在设计时需要使用的一组工具,这些工具以图标的形式排列在工具箱中,设计人员在设计阶段可以使用这些工具在窗体上构造出所需的应用程序界面,工具箱的图标根据设计需要还可以增加。

5. 集成环境的窗口

1)工程资源管理器窗口

工程是指用于创建一个应用程序的文件的集合。一个应用程序也可以包括几个工程。工程资源管理器列出了创建一个应用程序的所有窗体和模块。

2)属性窗口

属性是指对象的特征,如大小、标题或颜色。属性窗口列出了对选定窗体和控件的属性列表,通过属性窗口可直接修改属性值。属性窗口中的属性列表有两种排列方式:"按字母序"排列方式使属性按字母顺序排列显示,"按分类序"排列方式使属性按分类顺序显示,两者之间可通过选择相应选项卡来切换。

3)窗体布局窗口

窗体布局窗口显示出当前设计窗体运行时在屏幕上的实际位置,工程中的所有窗体均会在窗体布局窗口中显示出来,用鼠标拖动窗口中的窗体可快速调整其位置。

集成环境中的窗口就像仪表一样,检测着应用程序各方面的变化。要显示这些窗口,有下列方法。

(1)利用菜单:在"视图"菜单中单击要显示的窗口。

(2)利用工具栏:单击"标准"工具栏上相应的按钮。

(3)利用快捷键:直接按快捷键,如打开工程资源管理器窗口的快捷键是 Ctrl+R、打开属性窗口的快捷键是 F4。

6. 窗体编辑器

窗体编辑器作为自定义窗口用来设计应用程序的界面。VB 为应用程序中的每一个窗体提供了一个自己的窗体编辑器窗口，可通过在窗体中添加控件、图形和图片来创建所希望的外观与用户进行交互，并完成特定的功能。

在设计窗体时，首先要打开窗体编辑器，可通过下面两种方法实现。

(1) 在工程资源管理器中双击要打开的窗体。

(2) 在工程资源管理器中选中要打开的窗体(如 Form1)，然后单击"查看对象"按钮 ⊞ 。

7. 代码编辑器

代码编辑器是编写程序代码(事件过程)的主要场所。VB 中的代码编辑器相当于一个专用的字处理软件，有许多便于编写 VB 代码的功能。它能自动填充语句、属性和参数，使得编写代码更加准确、方便。工程资源管理器中的每一个模块都对应一个独立的代码编辑器窗口，如图 2.2.2 所示。

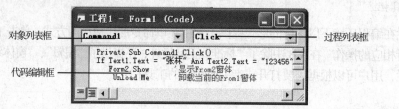

图 2.2.2　代码编辑器窗口

1)代码编辑器窗口包含的元素

(1)对象列表框：用对象列表框可以实现不同对象之间的切换，单击列表框的下拉按钮，可显示与该窗体有关的所有对象的清单。

(2)过程列表框：列出对象的过程或事件，或显示选定过程的名称。图 2.2.2 中是 Click 事件。单击列表框的下拉按钮，可以显示这个对象的全部事件。用过程列表框可以访问同一对象的不同事件过程，例如，Form 对象的过程列表框包括 Load、Click、DblClick 等。

(3)代码编辑框：用来编辑代码。

2)进入代码编辑器的方法

(1) 在工程资源管理器中选中要进行编码的模块，然后单击该对话框左上角的"查看代码"按钮 ▣ 。

(2)在窗体编辑器中双击某个对象。

(3)在"视图"菜单中选择"代码窗口"命令。

(4)按 F7 键。

3)代码编辑框的显示方式

在代码编辑框中可以选择两种不同的形式来查看代码：一种是查看显示全部过程，另一种是只显示一个过程。

(1) 同一代码编辑器窗口中显示全部过程：单击代码编辑器左下角的"全模块查看"按钮 ▤ ；或在"工具"菜单下选择"选项"命令，在"选项"对话框的"编辑器"选项卡中选中"缺省为整个模式查阅"选项。

(2)代码编辑器窗口每次只显示一个过程：单击代码编辑器左下角的"过程查看"按钮 ▤ ；或在"选项"对话框的"编辑器"选项卡中取消选中"缺省为整个模式查阅"选项。

4)代码编辑器的自动功能

代码编辑器像一个高度专门化的字处理软件，有许多便于编写 VB 代码的功能，主要体现在"自动列出成员特性"和"自动快速信息功能"两方面，通过它们能自动填充语句、属性和参数，用户熟悉此功能后将大大提高编码效率。常见的情形有以下几种。

（1）选定对象列表框后，在过程列表框中选择 Click 事件，将自动添加事件过程的第 1 句"Private Sub Form_Click（）"和最后一句"End Sub"。

（2）如果定义变量，在输入"Dim Strme（变量名）As"后，代码编辑器显示一个列表框，列出可以使用的数据类型，可用鼠标或光标移动键选定所需的类型，也可以继续输入数据类型的前几个字母，使可选范围逐渐缩小以方便选择。

（3）在代码中输入一个控件名时，输入英文"."之后，"自动列出成员特性"会弹出这个控件的下拉式属性/方法列表框，输入属性名的前几个字母，就可以从表中选中该属性名，按 Tab 键或空格键即完成这次输入。当不能确认给定的控件有什么样的属性时，这个选项是非常有帮助的。

注意：用户在书写代码时，除了汉字以外，其他字符必须是英文字符。

（4）"自动快速信息功能"显示语句和函数的语法。当输入合法的 VB 语句或函数名之后，语法立即显示在当前行的下面，并用黑体字显示它的第 1 个参数。在输入第 1 个参数值之后，第 2 个参数又出现了，同样也是黑体字，如图 2.2.3 所示。这就是代码编辑器的自动快速信息功能。利用这一功能在输入代码时可以方便地看到函数的语法规则，使代码输入更准确。

代码编辑器不仅在输入时提供自动提示功能，在编辑时也可通过键盘或"编辑"工具栏来激活该功能，调用方法如表 2.2.1 所示。

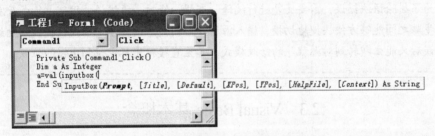

图 2.2.3　代码编辑器的自动提示功能

表 2.2.1　在代码窗口中激活自动提示功能

命令	快捷键	功能
属性/方法列表	Ctrl+R	包括对象可使用的属性和方法
常数列表	Ctrl+Shift+R	列出可供使用的正确常数
快速信息	Ctrl+I	提供选定变量、函数、语句、方法或过程的语法
参数信息	Ctrl+Shift+I	使用函数或语句时，提供参数的相关信息
插入关键字	Ctrl+Space	自动完成输入关键字或变量名

将列表中的数据类型插入语句中，有两种实现方法。

（1）双击所需的数据类型。

（2）选定数据类型后，按 Tab 键、空格键、Enter 键中的任一键，或将光标移到下一行。

5）代码编辑器中的多行操作

在代码编辑器中选定多行后，除了可以进行删除、复制、移动外，还可以进行缩进和添加注释等操作。

（1）利用缩进格式增强代码层次感，提高代码阅读的清晰性和可读性，方法有以下两种。

①选中要缩进的语句块，按 Tab 键增加一级缩进，按 Shift+Tab 键可取消一级缩进。

②将"编辑"工具栏调出，单击其上的"缩进"按钮 和"凸出"按钮 。

（2）给代码添加注释，提高程序的可读性和可理解性，方法有以下两种。

①添加单行注释：在要加注释的位置按英文状态下的"'"键或输入 Rem 关键字，然后在其后

输入注释内容，此内容可以根据编码人员需要输入中文、英文、符号等。此时输入的注释内容通常为淡绿色，与代码的黑色加以区别。

注意： 注释可加在语句的后面，与语句在同一行出现，也可独占一行。

②设置注释块：选定要注释的语句块，将"编辑"工具栏调出，单击其上的"设置注释块"按钮 和"解除注释块"按钮 。

另外，在调试程序时，常常要观察跳过其中某些语句的运行结果，如果删除它们来运行程序，那么要想再用这些语句时还需重新录入，显然这种方法不可取。这时可以先将这些语句设置为注释语句，它们就成为不可执行语句，不参与运行了。这是编码人员常用的调试小技巧。

(3)代码编辑器中的代码使用的颜色、字体、字号等都可以由用户进行设置。

方法是在"工具"菜单中选择"选项"命令，在弹出的对话框中单击"编辑器格式"选项卡，即可进行设置。

想想议议： VB 代码的编辑与 Word 文档的编辑是不是相似？

思考与探索

集成开发环境并不是把各种功能简单地拼装在一起，而是把它们有机地结合起来，统一在一个图形化操作界面下，为程序设计人员提供尽可能高效、便利的服务。例如，程序设计过程中为了排除语法错误，需要反复进行编译→查错→修改→再编译的循环，集成开发环境就使各步骤之间能够方便快捷地切换，输入源程序后用简单的菜单命令或快捷键启动编译，出现错误后又能立即转到对源程序的修改模式，甚至直接把光标定位到出错的位置。

2.3 Visual Basic 基本概念

为了理解应用程序开发过程，先要理解 VB 的一些关键概念。

2.3.1 对象和类

VB 是面向对象程序设计语言，对象的概念是面向对象编程技术的核心。从面向对象的观点看，所有的面向对象应用程序都是由对象组合而成的。对象就是现实世界中某个客观存在的事物，是对客观事物属性及行为特征的描述。在现实生活中，其实人们随时随地都在和对象打交道，例如，人们骑的车、看的书以及自己，在 VB 程序员眼中都是对象。

在面向对象程序设计中把对象的特征称为属性，对象的行为称为方法，对象的活动称为事件，这就构成对象的三要素。

类是同类对象的属性和行为特征的抽象描述，类与对象是面向对象程序设计语言的基础。类是从相同类型的对象中抽象出来的一种数据类型，也可以说所有具有相同数据结构、相同操作的对象的抽象。类具有继承性、封装性、多态性、抽象性。类的内部实现细节对用户来说是透明的，用户只需了解类的外部特征即可。

2.3.2 对象的属性、方法和事件

在 VB 中，对象是数据和代码的集合。每个对象是一个应用的一部分，控件和窗体都是对象，在窗体上摆放控件的过程就是一种用对象组装应用程序的过程。可以用对象的属性、事件、方法来控制一个对象，其中属性是对象的特征，作用于对象上的过程称为方法，事件是能被对象识别的动作。

1. 属性(Property)

属性用来表示对象的特征，它定义了对象的外观和行为，如窗体、控件的颜色和大小等。但每种对象所具有的属性是不同的，例如，窗体有 Caption 属性，而文本框控件没有 Caption 属性。

日常生活中的对象同样具有属性，如气球，它的属性包括可以看到的一些性质，如它的直径和颜色；还有一些属性描述气球的状态(充气的或未充气的)或不可见的性质，如它的寿命。通过定义，所有气球都具有这些属性，这些属性也会因气球的不同而不同。

设置对象的属性有以下两种方法。

(1)使用属性窗口，在设计状态设置属性。

选中一个对象后，在属性窗口中找到所需要设置的属性，然后从键盘输入该属性的值，或在系统给出的几种可能之中进行选择。属性一旦被设置，在运行程序时将被作为初始值。

注意：必须先将要设置的对象激活(该控件周围出现 8 个小黑方块)，右边的属性窗口所显示的才是该对象的属性，这时才能进行属性设置，否则容易出现"张冠李戴"的现象。

(2)在代码窗口中，通过赋值语句设置属性。其语法格式如下：

[对象名.]属性名=属性值

例如，本项目实例中，Form1.Caption= "学生管理系统——登录窗口"。

此语句的功能是将 Form1 窗体的 Caption 属性设置为一个新值"学生管理系统——登录窗口"，在该窗体的标题栏处就会出现"学生管理系统——登录窗口"。

注意：

①上述语法格式中的方括号"[ ]"表示此内容在不引起混淆的情况下可以省略，一般情况下，省略对象名即被认为是当前窗体。但是为了保证程序较好的可阅读性，最好不要省略。本书语法格式中的方括号"[ ]"均表示可以省略。

②一般不必一一设置对象的全部属性，而是采用它的默认值，只有在默认值不能满足需要时才指定所需要的值。

2. 方法(Method)

除了属性以外，对象还有方法，它使对象执行一个动作和任务。例如，气球还具有本身所固有的方法和动作，如充气方法(用氢气充满气球的动作)、放气方法(排出气球中的气体)和上升方法(放手让气球飞走)，所有的气球都具备这些能力。方法实际上是 VB 的一种专用子程序，用来完成一定的操作，如 Print、Move 是常用方法。不同的对象所含的方法种类和数量也不尽相同。

在代码中使用方法的语法格式有两种，具体使用取决于该方法是否有返回值。

格式 1：无返回值方法的调用。

语法格式如下：

[对象名].方法名[参数表]

例如， Form2.Show 表示将 Form2 窗体显示出来。

如果方法中用到多个参数，就要用逗号将它们隔开。

格式 2：有返回值方法的调用。

如果需要方法的返回值，就必须把参数用括号括起来，并将调用赋给一个变量。其语法格式如下：

变量名 = 对象名.方法名([参数表])

说明：

(1)方法只能在代码中使用。

(2)若对象名省略，表示当前对象为窗体。

(3)有的方法有参数，有的方法无参数。

3. 事件(Event)

对象除了属性和方法外，还有预定义的对某些外部事件的响应。

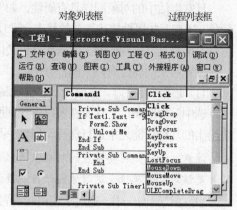

VB 中的事件是指由系统事先设定的、能被对象识别和响应的动作，因此事件是窗体或控件识别的动作。VB 的每一个窗体和控件都有一个预定义的事件集，每个对象能识别的事件是不同的。例如，窗体能够识别单击和双击事件，而命令按钮只能识别单击事件却不能识别双击事件。每个对象所能识别的事件在设计阶段可以从代码窗口上部右边的过程列表框中看出，如图 2.3.1 所示。

图 2.3.1　在过程列表框中选择对象可识别事件

尽管 VB 中的对象能自动识别预定义的事件集，但要判定它们是否能响应具体事件以及如何响应具体事件则是编程的责任。代码部分(事件过程)与每个事件对应，要让控件响应事件，就必须把代码写入该事件的过程之中。当事件发生时，该事件过程中的代码就会被执行。在开发应用程序时，要尽可能地为有效操作编写代码。

说明：事件可以由用户触发，也可以由系统触发。

事件过程是事件发生时要执行的代码。对象的事件过程格式如下：

```
Private Sub 对象名_事件名()
…
End Sub
```

注意：一个事件发生的同时其他事件会伴随发生。例如，在 DblClick 事件发生时，MouseDown、MouseUp 和 Click 事件也会发生。

想想议议：在 VB 中，事件对于程序代码的执行起到了什么作用？

4. 属性、方法和事件的比较

属性和方法的用法在形式上有些类似：

对象名.属性名

对象名.方法名

但是，"对象名.方法名"可以单独作为一个语句，如 Form1.Hide 是一个完整的语句，而"对象名.属性名"只是引用了一个对象的属性，它不是一个完整的语句，只是语句的一个组成部分，如将文字"学生信息管理系统"赋给 Form1 窗体的 Caption 属性的语句表示如下：

```
Form1.Caption="学生信息管理系统"
```

Form1.Caption 不能成为一个单独的语句。

属性名一般是名词(如 Caption、Top、Left、Font 等)，方法名一般是动词(如 Print、Move、Show 等)，事件名也是动词(如 Click、Load 等)，但事件名一般不能出现在语句中，它只能出现在事件的子程序的名字中(如 Command1_Click、Form_Load 等)。

2.3.3 工程和工程文件

深刻理解工程的含义是使用 VB 进行应用程序开发的前提。在 VB 中不论应用程序的规模大小，都对应着一个甚至几个工程，使用 VB 就是与工程和对象打交道。

1. 工程

工程是建造应用程序的文件的集合。为了用 VB 创建应用程序，应当使用一个工程，用它来管理组成应用程序所有不同的文件。

当创建一个应用程序时，通常要创建一些新窗体，也可以利用以前工程所创建的窗体。对于可能纳入工程的其他模块或文件同样如此，来自其他应用程序的 ActiveX 控件和可插入对象也可以在工程之间共享。工程的所有部件被汇集在一起，并在完成代码编写之后，便可以编译工程，将其转化为可执行文件。

2. 工程文件

工程文件是与工程相关联的所有文件、对象以及所有设置环境信息的一个简单列表。每次保存工程，VB 都要更新工程文件（.vbp）。工程文件包含文件列表，它与出现在工程资源管理器中的文件列表相同。

通过双击一个现存工程的图标，或从"文件"菜单中选择"打开工程"命令，或将该文件拖动到工程资源管理器中，就可以打开这个现存的工程文件。

3. 工程中的文件类型

在开发一个应用程序时，会用到许多类型的文件，如窗体文件、模块文件、ActiveX 控制文件、类型库文件和资源文件等，把这些文件组织在一起就形成一个工程（Project）。因此，VB 中每个工程对应一个应用程序，要使用工程来管理构成应用程序的所有不同的文件。一个工程中可以包括的文件及其含义见表 2.3.1。

表 2.3.1 不同类型的文件

文件扩展名	文件类型说明	文件扩展名	文件类型说明
.vbp	工程文件	.log	装载错误日志文件
.frm	窗体文件	.res	资源文件
.frx	二进制窗体文件	.ocx	ActiveX 控件文件
.cls	类模块文件	.vbg	工程组文件
.bas	标准模块文件		

工程文件就是与该工程有关的全部文件和对象的清单，也有所设置的环境选项方面的信息。每次保存工程时，这些信息都要被更新。所有这些文件和对象也可供其他工程共享。工程文件只是一个定义文件，它并不真正包含所用到的那些文件，而只是记录了这些文件的一些信息。

当要创建一个新的应用程序时，就要创建一个新的工程。VB 6.0 提供了 13 种不同类型的工程。选择"文件"菜单中的"新建工程"命令，在弹出的"新建工程"对话框中可以看到每种工程都有相应的工程模板（Project Template）。当创建新工程时，VB 就通过这些模板缺省地创建这种类型工程中所需的最基本的文件和最基本的设置。例如，当要创建"标准 EXE"工程时，VB 将默认创建一个窗体。

4. 工程组

在 VB 的专业版和企业版中，可以同时打开多个工程。在装入了多个工程时，工程资源管理器对话框的标题将变成"工程组",所有打开的工程部件都会显示出来。

向工程组中添加工程的操作步骤如下。

(1)在"文件"菜单中选择"添加工程"命令,在工程组中添加工程。

(2)选择现有工程或新的工程类型,并单击"打开"按钮。

从现有工程组中删除一个工程的操作步骤如下。

(1)在"工程资源管理器"里选中一个工程或一个工程文件。

(2)在"文件"菜单中选择"移除工程"命令。

在工程组中改变当前启动工程的操作步骤如下。

右击工程组中要设置为启动工程的工程名,在弹出的快捷菜单中选择"设置为启动"命令,此时工程名变为黑体时即为启动工程。

2.4　创建 Visual Basic 应用程序的基本步骤

创建 VB 应用程序的 5 个主要步骤如下。

(1)创建应用程序界面。

(2)设置对象的属性。

(3)编写对象事件过程代码。

(4)保存程序。

(5)运行和调试程序。

2.4.1　创建应用程序界面

1. 创建工程

启动 VB 后,首先看到的是"新建工程"对话框,如图 2.4.1 所示。选中"新建"选项卡中的"标准 EXE"图标,单击"打开"按钮,则进入 Visual Basic 6.0 的集成开发环境,同时创建一个新的工程。

2. 向工程中添加文件

(1)选择"工程"菜单中的"添加窗体"命令,屏幕上出现"添加窗体"对话框,如图 2.4.2 所示;然后选定一个现存的文件,将其打开就可将选定的文件添加到当前工程中。

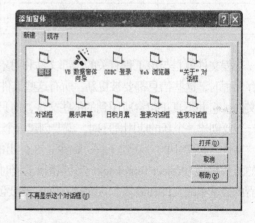

图 2.4.1　"新建工程"对话框　　　　　　图 2.4.2　"添加窗体"对话框

(2)直接从"工程"菜单中选择"添加***"命令(这里的"***"可以是窗体、MDI 窗体、模块等)。

（3）右击要添加文件的工程或此工程中的任何文件，在弹出的快捷菜单中选择"添加***"命令。

注意：在工程中添加现有的文件时，只是简单地将该文件引用并纳入工程，而不是添加该文件的复制文件。因此，如果更改该文件并保存它，将会影响包含此文件的所有工程。若想改变文件而不影响其他工程，应在工程资源管理器中选定该文件，从"文件"菜单中选择"文件另存为"命令，然后以一个新的文件名保存此文件。

3. 从工程中删除文件

从工程中删除文件的操作方法：在工程资源管理器中选择要删除的文件；打开"工程"菜单或从右击该文件从其快捷菜单中选择"移除 ***"命令（这里的"***"是选中的文件名），此文件将从工程中被删除。删除文件并不是指该文件从磁盘中消失，它仍然存在于磁盘上。

注意：如果从工程里删除了文件，则在保存此工程时，VB 要更新该工程文件中的文件列表信息。但是如果在集成开发环境之外删除一个文件，则 VB 系统不能更新此工程文件。因此，当打开此工程时，VB 系统将显示一个错误信息，警告一个文件丢失。

4. 程序界面设计

VB 6.0 集成开发环境中的工具箱用于设计窗体上的各种对象。双击工具箱中的按钮，在窗体中央将出现相应的对象，调整对象的尺寸并将该对象拖到所需要的位置，就可以建立程序界面了。

2.4.2 设置对象的属性

窗体上对象的外观、名称以及其他特性是由其属性决定的，对象的大部分属性可以通过属性窗口设置或修改，也可以在事件过程中利用代码设置。

一般情况下按照控件建立的顺序，采用默认的 Tab 键顺序。如果想改变 Tab 键顺序，则需要重新在属性窗口设置对象的 TabIndex 属性值。

2.4.3 编写过程代码

代码窗口是用于进行程序设计的窗口，可显示和编辑程序代码。双击窗体上的对象可以打开代码窗口编写相关代码。

2.4.4 保存工程

对工程中的文件进行了修改和更改了工程设置之后，应当保存工程，否则所作修改将丢失。保存工程时不仅要保存工程文件，同时要保存工程中用到的其他的类型文件。具体操作如下。

（1）选择"文件"菜单中的"保存工程"命令或单击"标准"工具栏上的"保存"按钮。

（2）如果是第一次保存工程，或选择了"文件"菜单中的"工程另存为"命令之后，显示"文件另存为"对话框，提示用户输入一个文件名来保存此工程文件，并且逐一提示用户保存所有修改过的窗体和模块。

说明：如果单独保存工程中的某一个文件，首先在工程管理器窗口中右击要保存的文件（如Form1），然后在弹出的快捷菜单中选择"保存 Form1.frm"命令，这样就可以单独保存这个窗体文件了。

至此，一个完整的程序编制完成，以后要再次修改该程序，只需单击"打开工程"按钮 ，选择工程文件后将程序调入即可。

注意:

①程序运行之前，务必先保存，以避免意外丢失。

②应用程序至少有两种类型文件需要保存，一种是工程文件(.vbp)，另一种是窗体文件(.frm)。

③保存时，一定要建好文件夹，将所有文件保存在同一文件夹中。

2.4.5 执行程序

VB 6.0 程序有两种运行模式，即解释运行模式和编译运行模式。

1) 解释运行模式

完成程序编写并保存后，单击工具栏上的"启动"按钮▶或者按 F5 键，或者选择"运行"→"启动"命令，系统读取程序代码，将其转换成机器代码，然后执行。为了便于调试程序，在程序开发阶段往往使用解释运行模式。

单击工具栏上的"结束"按钮■或者选择"运行"→"结束"命令，结束程序运行。

注意: 当有多个窗体或工程组时，运行程序时要注意设置启动工程和窗体，以改变启动对象。

(1) 设置启动工程: 在工程资源管理器中右击要设为启动的窗体所属的工程，在弹出的快捷菜单中选定"设置为启动"命令。

(2) 设置启动窗体: 选择"工程"→"属性"命令，然后在弹出的对话框中选择"通用"选项卡，选中"启动对象"选项即可。

2) 编译运行模式

选择"文件"→"生成工程 1.exe"命令，系统将程序转换成机器代码，并保存成扩展名为.exe的可执行文件。这时就可以脱离 VB 环境，在 Windows 环境下直接运行.exe 应用程序了。

2.5 项目 系统登录窗口和主窗口

【项目目标】

本项目实例的主要任务是设计完成"学生管理系统"的登录窗口和主窗口，如图 2.5.1 和图 2.5.2 所示。

图 2.5.1 系统登录窗口

图 2.5.2 主窗口

【项目分析】

本项目实例主要运用 Visual Basic 6.0 中的窗体、文本框、标签、命令按钮 4 种对象，实现工程的创建、打开、保存和简单的代码编写等基本操作。

系统登录窗口上的对象有: 1 个显示标题的标签、2 个显示提示信息的标签、2 个文本框和 2 个命令按钮。主要操作：用户输入用户名和密码，单击"进入系统"按钮，系统判断用户名和密码正确后进入主窗口，单击"退出系统"按钮，退出学生管理系统。

主窗口对象有 1 个显示标题的标签、5 个命令按钮，5 个命令按钮的标题分别是成绩管理、档案管理、小助手、绘图板、退出。主要操作为：用户单击相应的命令按钮后打开对应的界面进行操作。

【项目实现】

1. 创建工程

创建一个新的工程，单击工具栏中的添加窗体按钮，可以在工程中添加一个新的窗体 Form2，使用同样的方法可添加新的窗体 Form3、Form4、Form5、Form6。

2. 程序界面设计

(1) 双击"工程资源管理器"中的 Form1，使 Form1 成为当前设计窗体，双击工具箱中的 Label 按钮**A**，即在窗体上添加了 Label1 标签，使用相同的方法添加 Label2 和 Label3 标签。双击工具箱中的 Text 按钮，添加 Text1 和 Text2 文本框，双击工具箱中的 Command 按钮，添加 Command1 和 Command2 命令按钮。

单击选中某一对象拖动鼠标可以将该对象放置到窗体上合适的位置，如图 2.5.3 所示，拖拽选中对象周边的控制点可以改变该对象的大小。

(2) 双击"工程资源管理器"中的 Form2，使 Form2 成为当前设计窗体，双击工具箱中的 Label 按钮**A**，在窗体上添加 Label1 标签，使用相同的方法分别添加 5 个命令按钮，如图 2.5.4 所示。

图 2.5.3　登录窗体初始状态

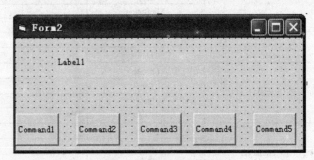

图 2.5.4　主界面窗体初始状态

3. 对象属性设置

(1) 双击"工程资源管理器"中的 Form1，使 Form1 成为当前设计窗体，在属性窗口设置窗体上 7 个对象的属性值。

Form1 上各对象属性设置如表 2.5.1 所示。

表 2.5.1　Form1 **各对象属性设置**

对象	属性	设置值
窗体 Form1	Caption	学生管理系统——登录窗口
	Picture	选择要添加为背景的图片
	Icon	选择要添加的标题栏图标
标签 Label1	Caption	学生管理系统
	Font	隶书、粗体、36 号字
标签 Label2	Caption	用户名：
	Font	隶书、粗体、12 号字
标签 Label3	Caption	密码：
	Font	隶书、粗体、12 号字

对象	属性	设置值
文本框 Text1	Text	设置为空
	Font	隶书、粗体、12 号字
文本框 Text2	Text	设置为空
	PasswordChar	*
	MaxLength	6
	Font	隶书、粗体、12 号字
命令按钮 Command1	Caption	进入系统(&C)
	Font	宋体、粗体、四号字
	Style	1-Graphical
	Picture	选择要添加的按钮图标
命令按钮 Command2	Caption	退出系统(&E)
	Font	宋体、粗体、四号字
	Style	1-Graphical
	Picture	选择要添加的按钮图标

(2) 双击"工程资源管理器"中的 Form2,使 Form2 成为当前设计窗体,改变窗体上 6 个对象的属性设置值,各对象属性设置如表 2.5.2 所示。

表 2.5.2　Form2 各对象属性设置

对象	属性	设置值
窗体 Form2	Caption	学生管理系统——主窗口
	Picture	选择要添加为背景的图片
	Icon	选择要添加的标题栏图标
	MinButton	False
	MaxButton	False
标签 Label1	Caption	学生管理系统
	Font	隶书、粗体、36 号字
命令按钮 Command1	Caption	成绩管理(&C)
	Font	隶书、粗体、四号字
	Style	1-Graphical
	Picture	选择要添加的按钮图标
命令按钮 Command2	Caption	档案管理(&D)
	Font	隶书、粗体、四号字
	Style	1-Graphical
	Picture	选择要添加的按钮图标
命令按钮 Command3	Caption	小助手(&Z)
	Font	隶书、粗体、四号字
	Style	1-Graphical
	Picture	选择要添加的按钮图标
命令按钮 Command4	Caption	绘图板(&H)
	Font	隶书、粗体、四号字
	Style	1-Graphical
	Picture	选择要添加的按钮图标
命令按钮 Command5	Caption	退出
	Font	隶书、粗体、四号字
	Style	1-Graphical
	Picture	选择要添加的按钮图标

4. 编写过程代码

(1) 双击"工程资源管理器"中的 Form1,使 Form1 成为当前设计窗体,以下是 Form1 登录窗口程序的代码设置。

① 双击 Form1 窗体的"进入系统"命令按钮进入代码窗口,编写如下事件过程代码:

```
Private Sub Command1_Click()
    If Text1.Text = "张林" And Text2.Text = "123456" Then
        Form2.Show                          '加载并显示Form2 "主窗口" 窗体
        Unload Me                           '卸载当前的Form1窗体
    End If
End Sub
```
②双击Form1窗体的 "退出系统" 命令按钮进入代码窗口，编写如下事件过程代码：
```
Private Sub Command2_Click()
    End                                     '结束当前应用程序
End Sub
```
（2）双击 "工程资源管理器" 中的 Form2，使 Form2 成为当前设计窗体，以下是 Form2 主窗口程序的代码设置。

①双击 Form2 窗体上的 "成绩管理" 命令按钮进入代码窗口，编写如下事件过程代码：
```
Private Sub Command1_Click()
    Form3.Show                              '显示Form3 "成绩管理" 窗体
    Unload Me                               '卸载当前窗体
End Sub
```
②双击 Form2 窗体上的 "档案管理" 命令按钮进入代码窗口，编写如下事件过程代码：
```
Private Sub Command2_Click()
    Form4.Show                              '显示Form4 "档案管理" 窗体
    Unload Me                               '卸载当前窗体
End Sub
```
③双击 Form2 窗体上的 "小助手" 命令按钮进入代码窗口，编写如下事件过程代码：
```
Private Sub Command3_Click()
    Form5.Show                              '显示Form5 "小助手" 窗体
    Unload Me                               '卸载当前窗体
End Sub
```
④双击 Form2 窗体上的 "绘图板" 命令按钮进入代码窗口，编写如下事件过程代码：
```
Private Sub Command4_Click()
    Form6.Show                              '显示Form6 "绘图板" 窗体
    Unload Me                               '卸载当前窗体
End Sub
```
⑤双击 Form2 窗体上的 "退出" 命令按钮进入代码窗口，编写如下事件过程代码：
```
Private Sub Command5_Click()
    Form1.Show
    Unload Me                               '退出主窗口界面
End Sub
```

2.5.1　窗体

窗体是设计应用程序的基本平台，几乎所有的部件都是添加在窗体上的。窗体对象是 VB 应用程序的基本构造模块。设计时，窗体就像一张画纸，可以使用工具箱中的工具在其上进行界面设计，可以操作窗体和控件，设置它们的属性，对它们的事件编程。运行时，窗体是用户与应用程序之间进行交互操作的人机界面。

前面已经初步介绍了对象的属性、事件和方法，窗体也有自己的属性、事件和方法，用来控制窗体的外观和行为。

1. 窗体的属性

窗体的属性会影响窗体的外观，设计时在"属性"窗格中完成，或者运行时由代码来实现。经常用到的属性如表 2.5.3 所示，在以后的学习和实践中读者将逐步熟悉这些窗体属性。

表 2.5.3　窗体的常用属性

名称	属性及说明	设置值
BackColor ForeColor	设置窗体背景色和前景色	正常 RGB 颜色和系统默认颜色
BorderStyle	设置窗体的边界样式	可设置 6 个值，默认值为 2
Caption	设置窗体标题栏中显示的文本内容；要显示标题，需把 BorderStyle 属性设置为非 0 值	一个新窗体的默认标题文本是窗体 Form 加上一个特定的整数，如 Form1 等
ControlBox	设置窗体左上角是否显示控制菜单按钮	True(默认)：含窗体图标和控制按钮 False：不含窗体图标和控制按钮
Enabled	设置窗体是否对鼠标或键盘作出响应	True(默认)：对事件作出响应 False：对事件不作出响应，只能显示文本和图形
Font	设置窗体中显示文本的字体	
Height Width	设置窗体的初始高度和宽度	
Icon	设置窗体图标；VB 的图标库在 Visual Studio 6.0 共享文件夹的 Graphics\Icons 子文件夹中	通常为图标文件名(*.ico)
Left、Top	设置窗体的左上角位置	
MaxButton MinButton	设置窗体中是否含有最大化和最小化按钮；如果 BorderStyle 属性设置为 0、3、4、5，则该属性无效	True(默认)：窗体中含最大(小)化按钮 False：窗体中不含最大(小)化按钮
Name	设置当前窗体的名称，在代码中用这个名称引用该窗体；此属性在运行时无效	一个新窗体的默认名是窗体 Form 加上一个特定的整数，如第一个新窗体是 Form1
Picture	设置在窗体内显示的图像；如果要在代码中设置，可使用 LoadPicture 函数	默认为 None
Visible	设置窗体是否可见	True(默认)：可见 False：不可见

2. 窗体的常用事件

窗体作为对象，能够执行方法并对事件作出响应。窗体的事件有很多，常用事件如下。

(1)Click 和 DblClick 事件。运行时，如果单击窗体，则会触发 Click 事件；如果双击窗体，则会触发 DblClick 事件。触发 DblClick 事件时，首先触发 Click 事件，然后才触发 DblClick 事件。

(2)Initialize 事件。仅当窗体第一次创建时触发 Initialize 事件，它在 Load 事件之前发生。

(3)KeyDown、KeyUp 和 KeyPress 事件。按下键盘上的某个键时，将触发 KeyDown 事件；释放某个键时，将触发 KeyUp 事件；只要按下键盘键就会触发 KeyPress 事件。

(4)Load、QueryUnload 和 Unload 事件。当窗体装入内存时，将触发 Load 事件；试图关闭窗体时，将触发 QueryUnload 事件；窗体卸载前最后发生 Unload 事件。即 Unload 事件发生前有 QueryUnload 事件发生，QueryUnload 事件提供了停止窗体卸载的机会。

(5)MouseDown、MouseUp 和 MouseMove 事件。按下鼠标键时，将触发 MouseDown 事件；释放鼠标键时，将触发 MouseUp 事件；拖动鼠标时，将触发 MouseMove 事件。

(6)Resize 事件。当调整窗体的大小时，就会触发 Resize 事件。

3. 窗体的常用方法

窗体的方法有很多，常用的方法归纳如下。

(1) Cls 方法，其语法格式如下：

[对象名.] Cls

作用：清除运行时 Form（或 PictureBox）所生成的图形和文本，默认指当前活动窗体。

注意：Cls 方法只能清除运行时在窗体或图片框中显示的文本和图形，不能清除窗体在设计时的文本和图形。

(2) Move 方法，其语法格式如下：

[对象名.]Move 左边距[, 上边距[, 宽度[, 高度]]]

参数说明如下。

对象名：可以是窗体及除时钟控件和菜单外的所有控件，默认指当前活动窗体。

左边距、上边距、宽度、高度：数值表达式，以缇为单位。

作用：使对象移动，同时也可以改变移动对象的尺寸。

例如：

```
Private Sub Form_Click()
    Move Left - 20, Top + 40, Width - 50, Height - 30
End Sub
```

(3) Show 方法，其语法格式如下：

[窗体名.] Show

作用：显示一个窗体，它兼有加载和显示窗体两种功能。

(4) Hide 方法，其语法格式如下：

[窗体名.] Hide

作用：将窗体暂时隐藏，但并没有从内存中删除。

(5) SetFocus 方法，其语法格式如下：

[对象名.] SetFocus

作用：将焦点移至指定的窗体（或控件）。

另外，当一个窗体要显示在屏幕上之前，该窗体必须先装载（Load），也就是被装入内存，然后显示（Show）在屏幕上，同样，当窗体暂时不需要时，可以从屏幕上隐藏（Hide）；或直接从内存中"卸载（Unload）"。

Load 语句用于把一个窗体装入内存。执行 Load 语句后，可以引用窗体中的控件和各种属性，但此时窗体没有显示出来。Load 语句的语法格式如下：

Load 窗体名

Unload 语句与 Load 语句的功能相反，它指从内存中删除指定的窗体。Unload 语句的语法格式如下：

Unload 窗体名

Unload 语句的一种常见用法是 Unload Me，其意义是关闭自身窗体，关键字 Me 代表该语句所在的窗体。

想想议议：窗体的 Show 和 Hide 方法的作用与设置窗体的 Visible 属性为 True 或 False 的作用等价吗？

2.5.2 控件分类

窗体上的控件用来获取用户的输入信息和显示输出信息,每个控件都有一组属性、方法和事件。VB 的控件主要可分为内部控件和 ActiveX 控件两类。

1) 内部控件

内部控件就是在工具箱中默认出现的控件,如图 2.5.5 所示,这些控件都在 VB 的.exe 可执行文件中。内部控件总是出现在工具箱中,不像 ActiveX 控件那样可以添加到工具箱中或从工具箱中删除。表 2.5.4 对所有内部控件作了总结。

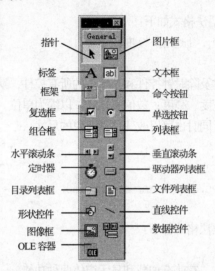

图 2.5.5　Visual Basic 6.0 中的内部控件

表 2.5.4　内部控件(按控件类的字母先后顺序)

控件	控件类	描述
复选框	CheckBox	显示 True/False 或 Yes/No 选项。一次可在窗体上选定任意数目的复选框
组合框	ComboBox	将文本框和列表框组合起来。用户可以输入选项,也可从下拉列表中选择选项
命令按钮	CommandButton	在用户选定命令或操作后执行它
数据	Data	能与现有数据库连接并在窗体上显示数据库中的信息
目录列表框	DirListBox	显示目录和路径并允许用户从中选择
驱动器列表框	DriveListBox	显示有效的磁盘驱动器并允许用户选择
文件列表框	FileListBox	显示文件列表并允许用户从中选择
框架	Frame	为控件提供可视的功能化容器,使其他控件分成可标识的控件组
水平滚动条 垂直滚动条	HScrollBar　VScrollBar	对于不能自动提供滚动条的控件,允许用户为它们添加滚动条(注意:这些滚动条与许多控件的内建滚动条不同)
图像框	Image	显示位图、图标或 Windows 图元文件、JPEG 或 GIF 文件,单击时类似命令按钮
标签	Label	为用户显示用户不可交互操作或不可修改的文本,或用于标注没有 Caption 属性的控件(如文本框)
直线	Line	在窗体、框架或图片框上绘制简单的线段
列表框	ListBox	显示项目列表,用户可从中选择一项或多项
OLE 容器	OLE	将数据嵌入/链接到 VB 应用程序中
单选按钮	OptionButton	常与其他选项按钮组成选项组,用来显示多个选项,用户只能从中选择一项
图片框	PictureBox	显示位图、图标或 Windows 图元文件、JPEG 或 GIF 文件,也可以显示文本或者充任其他控件的可视容器
形状	Shape	向窗体、框架或图片框添加矩形、正方形、椭圆或圆形
文本框	TextBox	提供一个区域来输入文本、显示文本
定时器	Timer	按指定时间间隔执行定时器事件

2) ActiveX 控件

ActiveX 控件是扩展名为.ocx 的独立文件, 其中包括各种版本 VB 提供的控件和仅在专业版和企业版中提供的控件, 另外, 还有许多第三方提供的 ActiveX 控件。

2.5.3 控件的基本操作

1. 控件的添加

控件的添加方法有以下三种。

1)"单击+拖动"法

(1)在工具箱中单击要添加的控件(此时是文本框)。

(2)将光标移到窗体上, 指针变成十字形。

(3)将十字形指针放在控件的左上角, 拖动十字形画出适合需要的控件大小的方框。

2)"双击"法

双击工具箱中的控件图标可在窗体中央创建一个尺寸为默认值的控件; 然后根据需要将该控件移到窗体中的其他位置。

3)"Ctrl+单击"法

按住 Ctrl 键单击工具箱中的控件, 释放 Ctrl 键, 在窗体编辑区拖动鼠标, 可以连续添加多个名称相同的控件。

注意: 初学者尽量不要用复制和粘贴的方法来创建控件, 因为使用这种方法初学者容易创建成控件数组。

2. 控件的选择

单个控件的选择是在该控件上单击即可, 多个控件的选择方法有以下两种。

(1)选择多个不相邻的控件: 先选中一个控件, 然后按住 Shift 键或 Ctrl 键, 再单击其他要选择的控件即可; 若要撤销对某控件的选择, 按住 Shift 键或 Ctrl 键的同时, 单击该控件即可。

(2)选择一个区域内的多个控件: 先单击"指针"按钮 ▶ 拖动鼠标画框, 包围要选择的控件即可。

3. 调整控件的大小

可以使用以下四种方法调整控件大小。

(1)选中要调整尺寸的控件, 拖动尺寸句柄, 直到控件达到所希望的大小为止。

(2)选中要调整尺寸的控件, 按 Shift+方向键调整选定控件的尺寸。

(3)设定控件的 Height 和 Width 属性值。

(4)设置多个控件大小时, 先选定这些控件, 然后打开"格式"→"统一尺寸"菜单, 选择相应的命令。这时只有一个控件(主控件)被实心控制柄包围着, 通常称最后选择的那个控件为主控件。VB 将按照主控件的尺寸来设置其他控件的大小。

4. 移动控件

移动控件的方法有以下三种。

(1)鼠标拖动。

(2)在属性窗口中, 通过改变相应控件 Top 和 Left 的属性值来精确调整。

(3)选中控件后,使用 Ctrl 键+方向键控件每次移动一个网格单元。如果该网格关闭,则控件每次移动一个像素。

5. 锁定控件位置

锁定控件的目的是防止已设置好的控件无意中被再次移动,方法有以下两种。

(1)从"格式"菜单中选择"锁定控件"命令。

(2)在"窗体编辑器"工具栏上单击"锁定控件切换"按钮,再次单击即可解锁。

注意:锁定控件位置后,使用鼠标和键盘将不能对控件进行移动操作,但仍可以在属性窗口中通过改变控件的 Top 和 Left 属性值来移动锁定的控件。

6. 控件的对齐

先选中要对齐的多个控件,然后打开"格式"→"对齐"菜单,再选择相应的命令。

7. 控件的删除

先选中要删除的一个或多个控件,然后打开"编辑"菜单,选择"删除"命令或直接按 Del 键。

2.5.4 命令按钮

命令按钮控件是使用最为广泛的控件之一,它可以完成一些特定的操作,特定操作代码通常编写在它的 Click 事件中。命令按钮接收用户输入的命令有以下三种方式。

(1)单击命令按钮。

(2)按 Tab 键使焦点跳转到命令按钮,再按 Enter 键。

(3)使用设计者所设置的快捷键(Alt+带下划线的字母)。

1. 常用属性

(1)Caption 属性。Caption 属性用于设置命令按钮的标题和创建快捷方式。Caption 属性最多包含 255 个字符,若标题超过命令按钮的宽度,则会自动折到下一行。但是如果控件无法容纳其全部长度,则标题会被截断。

要创建命令按钮的访问键快捷方式,只需在作为访问键的字母前添加一个连字符&,例如,本项目实例中的"进入系统"命令按钮的 Caption 属性设置为 "进入系统(&C)"。运行时,按钮上显示"进入系统(C)"。当用户按 Alt+C 键时,相当于单击了该按钮,将运行其 Click 事件过程。

(2)Enabled 属性。返回或设置一个值,用来确定一个窗体或控件是否能够对用户产生的事件作出响应。

True(默认值):允许对象对事件作出响应。

False:阻止对象对事件作出响应。

(3)Visible 属性。返回或设置一个值,用以指示对象为可见或隐藏,注意和 Enabled 属性的区别。

True(默认值):对象是可见的。

False:对象是隐藏的。

(4)Style 属性。设置命令按钮的样式是标准的还是图形的。

Standard(0):标准 Windows 风格的按钮。

Graphical(1):带自定义图片的图形按钮,此时可以用 Picture 属性设置按钮处于未按下状态时的图形，用 DownPicture 属性设置按钮处于按下状态时的图形，用 DisabledPicture 属性设置按钮无效时的图形。此外，该属性也可用于显示命令按钮的背景色。

2. 常用事件

(1) Click 事件。单击命令按钮时将触发按钮的 Click 事件并调用已写入 Click 事件过程中的代码。

注意： CommandButton 控件不支持双击事件。

(2) GotFocus 事件和 LostFocus 事件。

GotFocus 事件在对象获得焦点时产生，获得焦点可以通过 Tab 键切换或单击对象的用户动作、在代码中用 SetFocus 方法改变焦点来实现。

LostFocus 事件在一个对象失去焦点时发生，焦点的丢失是由于 Tab 键移动或单击另一个对象操作的结果；或者是代码中使用 SetFocus 方法改变焦点的结果。

2.5.5 文本框

文本框控件有时也被称为编辑字段或者编辑控件，可用于显示设计时用户的输入或运行时赋予控件的信息。

1. 常用属性

(1) Text 属性。Text 属性包含输入 TextBox 控件中的文本。默认情况下，文本框中输入的字符最多为 2048 个。若将控件的 MultiLine 属性设置为 True，则可输入多达 32KB 的文本。

(2) MultiLine 属性。是否允许在 TextBox 控件中显示多行文本。

True：输入多行文本。

False：默认设置，不允许输入多行文本。

(3) ScrollBars 属性。在 TextBox 上定制滚动条组合，当 MultiLine = True 时， 该属性才有效。

None：默认设置，不含滚动条。

Horizontal：含水平滚动条。

Vertical：含垂直滚动条。

Both：含水平和垂直滚动条。

图 2.5.6 显示了含不同滚动条的文本框。

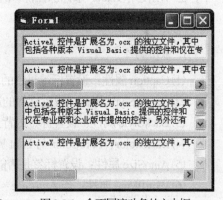

图 2.5.6 含不同滚动条的文本框

(4) SelStart、SelLength 和 SelText 属性。控制文本框中的插入点和文本选定操作。

SelStart 属性：返回或设置所选择文本的起始点；如果没有文本被选中，则指出插入点的位置。

SelLength 属性：返回或设置所选择的字符数。

SelText 属性：返回或设置包含当前所选择文本的字符串；如果没有字符被选中，则为零长度字符串(" ")。

注意： 这些属性常应用于运行时文本的选择，设计时是不可用的。

(5) Locked 属性。可用 Locked 属性防止用户编辑文本框内容。将 Locked 属性设置为 True 后，用户可滚动文本框中的文本并将其突出显示，但不能作任何变更。

说明： 此时通过用户交互不能修改，但可通过编程修改，所以可用于创建只读文本框。

（6）MaxLength 属性。该属性用于设定输入文本框的最大字符数，输入的字符数超过 MaxLength 时，系统不接受多出的字符并发出嘟嘟声。

（7）PasswordChar 属性。该属性用于指定显示在文本框中的字符。例如，若希望在密码框中显示 "*" 号，则可在属性窗口中将 PasswordChar 属性指定为 "*"。该属性常和 MaxLength 属性一起用于创建密码文本框。

想想议议：

（1）文本框的 ScrollBars 属性设置了非零值，却没有出现滚动条，试分析原因。

（2）文本框没有 Caption 属性来标识自身，如何解决这一问题？

2. 常用事件

（1）Change 事件。该事件在用户改变正文或通过代码改变 Text 属性的设置时发生。

例如，当用户在 Text1 中输入字符时，如何使 Text2 也显示相同的内容呢？可以用以下代码来完成：

```
Private Sub Text1_Change()
    Text2.Text = Text1.Text
End Sub
```

（2）GotFocus 和 LostFocus 事件。在文本框得到焦点时触发 GotFocus 事件，失去焦点时触发 LostFocus 事件。

2.5.6 标签

Label 控件可以显示用户不能直接改变的文本。用户可以编写代码来改变 Label 控件显示的文本，也可以使用 Label 来标识控件，例如，TextBox 控件没有自己的 Caption 属性，这时就可以使用 Label 来标识这个控件。

1. 常用属性

（1）Caption 属性：设置标签显示的内容，最多 1024 个字符。

（2）BorderStytle 属性：设置标签的边界样式。

（3）BackStyle 属性：设置标签的背景样式。

（4）BackColor、ForeColor 与 Font 属性：设置标签的外观。

（5）AutoSize 属性：设置标签是否能根据内容自动改变尺寸。

（6）WordWrap 属性：当 AutoSize＝True 时，控制标签是否根据内容折行。

当 AutoSize＝False 时，该属性无效，标签内容始终折行。

2. 常用事件

标签控件常用事件是 Click 事件，单击标签时将触发按钮的 Click 事件并调用已写入 Click 事件过程中的代码。

项 目 交 流

分组讨论对比学生管理系统登录界面与高考报名系统登录界面的异同点。应如何对本项目进行改进？在改进过程中遇到了哪些困难？

项目需求记录

序号	模块名称	改进方法	面临困难
1			
2			
3			
4			
5			

交回讨论记录摘要。记录摘要包括时间、地点、主持人(组长，建议轮流担任组长)、参加人员、讨论内容等。

基本知识练习

一、简答题

1. 什么是对象？属性、方法和事件有什么区别？

2. 什么是工程？如何设置启动窗体？

3. 窗体编辑器和代码编辑器有几种切换方法？

4. 简述 Visual Basic 程序设计的步骤。

5. Visual Basic 中控件的 Name 属性和 Caption 属性有何区别？

6. 窗体常用的事件和方法有哪些？

二、编程题

1. 设计一个程序，用户界面由两个命令按钮和一个文本框组成。当用户单击"快乐"命令按钮时，在文本框中显示文本内容，单击"取消"命令按钮时，清除文本框内容，如图 2.6.1 所示。

2. 用户在第一个文本框内输入一行文字后，在另外两个文本框中同时显示相同的内容，但显示的字体大小和颜色不同，单击"清除"命令按钮时，清除文本框中的所有内容，如图 2.6.2 所示。

图 2.6.1 显示内容

图 2.6.2 同步显示

能力拓展与训练

一、调研与分析

1. 分组考察计算机软件开发公司，每组提交一份考察记录单，考察内容要求如下。

(1)本公司软件开发使用哪种语言？所用计算机开发语言在实际应用中有哪些不足？

(2)所使用的计算机开发语言在实际中的应用效果如何？

(3)怎样才能学好一门计算机开发语言？

2. 目前主流计算机开发语言有哪些？其优缺点分别是什么？是不是只有面向对象的开发语言才具有可视集成开发环境？

二、自主学习与探索

1. 国产汉语计算机开发语言有哪些? 其特点是什么?

2. 尝试学习一门汉语计算机开发语言, 并与 VB 对比, 最后提交一份学习心得。

三、思辩题

1. 目前很多高校将 VB 程序设计作为第一门程序设计课程, 请分析原因。

2. 什么样的计算机语言将是未来软件开发的主宰?

四、我的问题卡片

请把学习中(包括预习和复习)思考和遇到的问题写在下面的卡片上, 然后逐渐补充简要的答案。

问题卡片

序号	问题描述	简要答案
1		
2		
3		
4		
5		

你 我 共 勉

志向和热爱是伟大行为的双翼。

——歌德

第 3 章　程序设计基础

计算机程序是对特定数据进行特定操作的一系列编排好的处理步骤，也涉及信息和对信息的处理过程。因此，实现程序要完成两方面的工作：一方面是用特定数据类型和数据结构将信息表示出来；另一方面是用控制结构将信息处理过程表示出来。

3.1　项目　学生成绩输入

【项目目标】

本项目实例的主要任务是设计完成"成绩管理"中的"成绩输入"界面。"成绩管理"界面包括成绩输入、成绩评定、成绩统计、统计分析 4 部分。"成绩管理"窗口如图 3.1.1 所示，"成绩输入"窗口如图 3.1.2 所示。

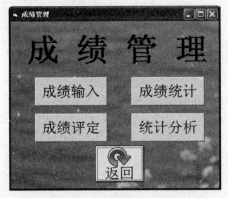

图 3.1.1　"成绩管理"窗口

图 3.1.2　"成绩输入"窗口

【项目分析】

本项目实例主要运用了 VB 6.0 中的数据类型、变量和常量等几个知识点，并利用文本框、标签、输入框、消息框进行数据的输入和输出操作。

"成绩管理"窗口中有 5 个命令按钮和 1 个标签，要为这 6 个对象设置相应的属性值，并且为 5 个命令按钮编写代码来显示对应的窗口。

"成绩输入"窗口中包括 3 个标签、1 个文本框和 2 个命令按钮，要为这 6 个对象设置相应的属性值，并且为两个命令按钮编写代码来完成成绩的输入，其中第一个命令按钮是接收文本框中输入的成绩，将成绩直接显示在标签中。另一个命令按钮使用输入框来完成成绩的输入，并提示确认成绩输入正确后才显示到标签中，如图 3.1.3 所示。

图 3.1.3　成绩确认框

【项目实现】

1. 程序界面设计

依次添加窗体 Form7~Form10，并保存。保存窗体名称分别为成绩输入、成绩评定、成绩统计、统计分析，如图 3.1.4 所示。

双击"工程资源管理器"中的 Form3（成绩管理）窗体，进入 Form3 的窗体设计状态，添加 5 个命令按钮 Command1、Command2、Command3、Command4、Command5 和 1 个标签 Label1。

双击"工程资源管理器"中的 Form7（成绩输入）窗体，进入 Form7 的窗体设计状态，添加 3 个标签：Label1、Label2、Label3，1 个文本框 Text1 和 2 个命令按钮 Command1、Command2，如图 3.1.2 所示。

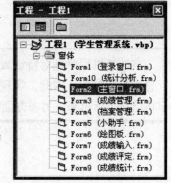

图 3.1.4　窗体列表

2. 界面对象属性设置

参照图 3.1.1 和图 3.1.2 在属性窗口中为窗体和控件设置相应的属性值。

3. 编写对象事件过程代码

（1）成绩管理窗口 Form3 中的代码如下：

```
Private Sub Command1_Click()
        Form7.Show                  '显示成绩输入窗口
End Sub
Private Sub Command2_Click()
        Form8.Show                  '显示成绩评定窗口
End Sub
Private Sub Command3_Click()
        Form9.Show                  '显示成绩统计窗口
End Sub
Private Sub Command4_Click()
        Form10.Show                 '显示统计分析窗口
End Sub
Private Sub Command5_Click()
        Form2.Show                  '返回成绩管理窗口
        Form3.Hide                  '隐藏成绩管理窗口
End Sub
```

（2）成绩输入窗体 Form7 中的代码如下：

```
Private Sub Command1_Click()
        Dim score As Single              '定义存放成绩的变量
        score = Val(Text1)               '接收文本框 Text1 的成绩输入值
        Label3.Caption = score           '在标签 Label3 中显示成绩值
End Sub
Private Sub Command2_Click()
        Dim score As Single, a As Integer
        '使用输入框输入成绩
        score = Val(InputBox("请输入学生成绩：", "成绩输入框"))
        '使用消息框进行消息提示
        a = MsgBox("确认输入成绩正确吗？", vbYesNo + vbCritical, "确认框")
```

```
    If a = vbYes Then
        Label3.Caption = score
    Else
        MsgBox "请重新输入", , "消息框"
    End If
End Sub
```

3.1.1 程序的编码基础

高级语言体系和自然语言体系十分相似。自然语言的学习过程是：基本符号及书写规则→单词→短语→句子→段落→文章。因此，计算机语言的学习过程也很类似：基本符号及书写规则→常量、变量→运算符和表达式→语句→过程、函数→程序。在写作中，必须要求文章语法规范、语义清晰。同样，程序书写也要求清晰、规范，符合一定的书写规则。

传统程序的基本构成元素包括常量、变量、运算符、内部函数、表达式、语句、自定义过程或函数等。

现代程序增加了类、对象、消息、事件和方法等元素。

1. 书写规则

书写 VB 应用程序应遵循一定的书写规则。这里从以下几方面介绍有关规则，包括如何断行和合并代码行、如何添加注释、如何使用数字以及 Visual Basic 命名约定。

(1) 断行。Visual Basic 允许将一条长语句书写在多条语句行中，此时应使用断行标志，即在代码换行处用续行符(一个空格后面跟一个下划线)将长语句分成多行。例如：

```
i = MsgBox("是否保存对文档1的修改?", vbYesNoCancel + vbQuestion _
    +vbDefaultButton1, "Microsoft Word")
```

(2) 同一行上书写多个语句。通常一行中书写一条 Visual Basic 语句，而且不用语句终结符。但是当语句较短时也可以将两条或多条语句放在同一行，此时要用英文冒号(:)将它们分开，这样使得源程序占用的语句行较少，例如：

```
Text1.Text = "Hello":Text1.BackColor = vbGreen
```

但是为了便于阅读代码，最好还是一行写一条语句。

2. 命名规则

在编写 Visual Basic 代码时，要声明和命名许多元素(如变量、常数、过程等)。在 Visual Basic 代码中声明的过程、变量和常数等的名字必须遵循以下命名规则。

(1) 以字母或汉字开头，由字母、汉字、数字或下划线组成。

(2) 不可以包含嵌入的标点符号、空格或者类型声明字符(规定数据类型的特殊字符将在表 3.1.1 中给出)。

(3) 不能超过 255 个字符。控件、窗体、类和模块的名字长度都不能超过 40 个字符。

(4) 字母不区别大小写，不能和受到限制的关键字同名。受到限制的关键字是 Visual Basic 使用的词，是语言的组成部分，其中包括预定义语句(如 If 和 Loop)、函数(如 Len 和 Abs)和操作符(如 Or 和 Mod)。

例如，X1、First、Li_Hua 都是合法的标识符，而 2a、Integer 是不合法的。

3.1.2 数据类型

Visual Basic 不但提供了丰富的标准数据类型，用户还可以自定义数据类型。表3.1.1列出了所有的标准数据类型。

表 3.1.1 数据类型

数据类型		关键字	类型声明符	前缀	占字节数	范围
数值类型	整型	Integer	%	int	2	−32768 ~ 32767
	长整型	Long	&	lng	4	−2147483648 ~ 2147483647
	单精度型	Single	!	sng	4	负数：−3.402823E38 ~ −1.401298E−45 正数：1.401298E−45 ~ 3.402823E38
	双精度型	Double	#	dbl	8	负数：−1.79769313486232D308 ~ −4.94065645841247D−324 正数：4.94065645841247D−324 ~ 1.79769313486232D308
	货币型	Currency	@	cur	8	−922337203685477.5808 ~ 922337203685477.5807
	字节型	Byte	无	byt	1	0 ~ 255
逻辑型		Boolean	无	bln	2	True 和 False
日期型		Date	无	dtm	8	01,01,100 ~ 12，31，9999
字符型		String	$	str	与字符串长度有关	0 ~ 65535 个字符
万能型(变体型)		Variant	无	vnt	根据需要分配	
对象型		Object	无	obj	4	任何对象引用

1. 数值类型

(1)应该给变量加前缀来指明它们的数据类型，特别是对大型程序而言，可以大大提高程序的可读性。

(2)选择使用哪种数值类型应从需要存储的数据的范围和精度两方面考虑，并且尽可能选择占字节数少的类型，以减少存储空间，提高程序效率。例如，存储人的年龄只需使用整型；如果要存储某企业年总产值，要求精确到小数点后两位，就可以选择单精度和双精度型，如果预计最大值不会超过单精度的范围，则选择单精度型即可；如果超出就只能选择双精度型，否则会出现溢出错误；如果存储某精密仪器的微小的半径，要求精度为小数点后10位，那么只能选择双精度型，VB中规定单精度浮点精度为7位，双精度浮点精度为16位。

(3)单精度浮点数有小数形式、整数加类型符形式和指数形式等多种表示形式，即 $\pm n.n$、$\pm n!$、$\pm nE \pm m$、$\pm n.nE \pm m$，如 123.456、123.456!、0.123456E+3；双精度浮点数只要在小数形式后加"#"或用"#"代替"!"，指数形式用"D"代替"E"或指数形式后加"#"，即 $\pm n.n\#$、$\pm n\#$、$\pm nD \pm m$、$\pm n.nD \pm m$，如 123.456#、0.123456D+3、0.123456E+3#。

(4)所有数值变量都可相互赋值，也可对 Variant 类型(万能型)变量赋值。在将浮点数赋予整数之前，Visual Basic 要将浮点数的小数部分四舍五入，而不是将小数部分截掉。

注意： 每种数据类型都有其使用范围，在应用数据类型时不要超出其使用范围，否则会出现编译错误。

2. 逻辑型

若变量的值只是 True 或 False，则可将它声明为逻辑型，默认值为 False。Boolean 型数据主要用来进行判断。

注意：

(1)当逻辑型数据转换成整型数据时，True 转换成-1，False 转换成 0。

(2)当其他数值类型数据转换成逻辑数据时，非 0 值转换为 True，0 转换成 False。

3. 日期型

Date 型数据主要用来表示日期与时间，用定界符(#)引起来。表示的日期范围为公元 100 年 1 月 1 日~9999 年 12 月 31 日，时间范围为 00:00:00 到 23:59:59。

Date 型数据有多种表示方法，如#12/5/96#、#1996-12-5 12:30:00 PM#、#96,12,5#、#May 1,1996#、#1 May 96#。

注意：

(1)日期型数据可以执行加减运算。

(2)日期型数据也可以用数字序列表示，小数点左边的数字代表日期，小数点右边的数字代表时间，0 为午夜，0.5 为中午 12 时，负数代表 1899 年 12 月 31 日之前的日期和时间，此类方法不常用。

4. 字符型

字符是用英文双撇号(")定界符引起来的一串字符，包括西文字符和汉字，如"abc"、"VB 程序设计"。

注意：

(1)""表示空字符串，而" "表示包含一个空格的字符串。

(2)若字符串中有双引号，则要用连续的两个"表示，如字符串"计算机"，在 VB 中表示为"""计算机"""。

5. 万能型

万能型变量能够存储所有系统定义类型的数据。如果把它们赋予万能型变量，则不必在不同的数据类型间进行转换， Visual Basic 会自动完成任何必要的转换。例如，Dim x1 后面无类型声明就表示变量 x1 为万能型。

6. 对象型

对象型变量用 4 字节来存储，它可以是控件对象、OLE 对象等，可用 Set 语句为已声明的 Object 变量赋值。

—— 思 考 与 探 索 ——

数据类型决定了合法的数据操作，其作用是通过类型发现程序中的错误。例如，一个人的姓名乘以他的年龄是没有意义的。有了数据类型的概念，编译器或解释器就能早早发现程序中的不合法的数据操作错误。

3.1.3 变量

变量是在程序运行过程中其值可以发生变化的量，变量具有名字、数据类型和值等属性，变量可以定义为上述各种类型。

声明变量就是事先将变量通知程序。一般必须先声明变量名和其类型，以便系统为它分配存储空间。声明方式分为显式和隐式两种。

1) 用 Dim 语句显式声明

语法格式如下：

Dim|Private|Public|Static 变量名 [As 数据类型]

参数说明如下。

Dim|Private|Public：定义变量的作用范围，将在后面介绍。

Static：定义变量为静态变量。

[As 数据类型]：此项省略则为万能型，也可以用类型声明符来代替。例如，Dim intx As Integer, sngy As Single 等价于 Dim intx%, sngy。

说明：

(1) 一条 Dim 语句可以同时定义多个变量，但每个变量必须有自己的类型声明，不能相互共用。

(2) 用来保存字符串的变量可声明为字符串型变量。字符串型变量有两种：变长字符串与定长字符串。

变长字符串定义格式如下：

Dim|Private|Public|Static 字符串变量名 As String

定长字符串定义格式如下：

Dim|Private|Public|Static 字符串变量名 As String * 字符数

变长字符串最多可包含大约 20 亿（2^{31}）个字符；定长字符串可包含 65535（64K）个字符。

例如：

```
Dim S1 As String                    '定义变长字符串变量S1，长度可增可减
Dim S2 As String *6                 '定义长度为6的字符串变量S2
```

说明：

(1) 当为定长字符串变量所赋的值小于其定义长度时，右补空格，否则将右边多余部分截去。

(2) 给不同类型变量赋值时，VB 会自动强制变量转换为适当的数据类型。

例如，执行下列程序段：

```
Dim intX As Integer, strY As String
    strY = 12345
    intX = strY
```

intX 的值为 12345（整型数据）；strY 的值为 "12345"（字符串型）。

2) 隐式声明

在使用一个变量之前不必先声明这个变量，可以直接引用，称为隐式声明。

例如，对于下面这段程序，运行时单击窗体，窗体上没有任何结果，也不会出现错误信息，因为要打印的是 nuw 的值，系统认为 nuw 是一个新变量，VB 自动将其初始化为空（数值类型的变量初始化为 0）。

程序代码如下：

```
Private Sub Form_Click()
    Dim num As Single
    num = 50
    Print nuw
End Sub
```

这种用法的缺点是当变量名写错时不易发现，VB 分辨不出是隐式声明了一个新变量，还是现有的变量名错误，因此编程者不得不调试程序。建议编程者尽量采用显式声明变量。

3) 强制显式声明

如果设置了强制显式声明，那么只要遇到一个未经声明就使用的变量名，VB 就发出错误警告，操作方法有以下两种。

(1) 在通用声明段中加入声明语句 Option Explicit。

(2) 选择"工具"菜单中的"选项"命令，单击"编辑器"选项卡，再选中"要求变量声明"选项。这样 VB 会在后续的模块中自动插入 Option Explicit，但是不会加入已有代码中，必须在工程中手工将 Option Explicit 语句加到任何现有模块中。Option Explicit 语句的作用范围仅限于语句所在模块。

说明：*为了便于程序调试，尤其对初学者而言，使用变量前最好强制显式声明。*

3.1.4 常量

常量是在程序执行期间值不能发生改变的量。在 VB 中，常量有 3 种：直接常量、用户声明的符号常量和系统提供的常量。

(1) 直接常量。直接常量就是各种数据类型的常数值，如 123、123.45、1.23E+5、12.3D3 等。除了十进制常数外，还有八进制、十六进制常数。

八进制常数形式：数值前加&O，如&O1234。

十六进制常数形式：数值前加&H，如&H1B3A。

(2) 用户声明的符号常量。符号常量是具有名字的常数，用名字取代永远不变的数值。

创建属于用户自己的符号常量的语法格式如下：

```
[Public|Private] Const 符号常量名 [As 数据类型] = 表达式
```

其中，表达式由数值常数或字符串常数以及运算符组成，表达式中不能使用函数调用。例如：

```
Const conPi = 3.14159265358979

Public Const conMaxPlanets As Integer = 9

Const conReleaseDate = #1/1/95#

Public Const conVersion = "07.10.A"
```

注意：

① 尽管符号常量有点像变量，但不能像对变量那样修改符号常量，也不能对符号常量赋新值。

② 符号常量一旦声明，则在其后的代码中只能引用，不能改变，即它只能出现在赋值号的右边，不能出现在左边。

③ 符号常量的作用范围也分为过程级、模块级和公用级 3 种。

(3) 系统提供的常量。这种常量是应用程序和控件提供的。在对象浏览器中的 VB 和 Visual Basic for Applications (VBA) 对象库中列举了 VB 的常数。其他提供对象库的应用程序 (如 Microsoft Excel 和 Microsoft Project) 也提供了常数列表，这些常数可与应用程序的对象、方法和属性一起使用。例如，窗体状态属性 WindowsState 可接受 vbNormal、vbMinimized、vbMaximized 三种系统常量，也可以用 0、1、2 表示。又如，vbRed 是颜色常量等。

想想议议：VB 中的常量和变量与数学中学过的常量和变量有哪些异同点？

3.1.5 变量的作用域

声明变量使用的语句不同，声明语句所放置的位置不同，所声明变量的作用范围也有差异。

根据变量作用范围的不同，可将变量分成过程级变量、模块级变量和公用变量 3 种。

(1)过程级变量（局部变量）。在过程内部可声明过程级动态变量和过程级静态变量。

① 过程级动态变量的声明格式如下：

```
Dim  变量名 [As 数据类型]
```

含义：在过程内部用 Dim 语句声明的变量只有在该过程执行时才存在，过程一结束，该变量的值也就消失了。

【例 3.1.1】　在 Form_Click 事件中编写如下代码，运行程序，单击窗体 3 次，结果如图 3.1.5 所示。

程序代码如下：

```
Private Sub Form_Click()
    Dim i As Integer        '声明过程级动态变量
    i = i + 1               'i增1
    Print i
End Sub
```

图 3.1.5　过程中声明过程级动态变量

② 过程级静态变量的声明格式如下：

```
Static  变量名 [As 数据类型]
```

含义：静态变量的作用范围仍是在其声明语句所在的过程内，但在整个代码运行期间都能保留使用变量的值。

【例 3.1.2】　将例 3.1.1 中的 Dim 改为 Static，运行程序，单击窗体 3 次，结果如图 3.1.6 所示。这种程序可以用来记录用户单击窗体的次数。

程序代码如下：

```
Private Sub Form_Click()
    Static i As Integer   '声明过程级静态变量
    i = i + 1
    Print i
End Sub
```

图 3.1.6　过程中声明过程级静态变量

(2)模块级变量的声明格式如下：

```
Dim|Private 变量名 [As  数据类型]
```

含义：在模块顶部的通用声明段中用 Dim 语句或 Private 语句声明变量，将使变量对该模块的所有过程都可用，但对其他模块的代码不可用（注意：一定要在通用声明段中声明）。

【例 3.1.3】　编写如下代码，运行程序，先单击"给 i 赋值并打印 i 的值"按钮一次，再单击"打印 i 的值"按钮一次，结果如图 3.1.7 所示，可以发现模块级变量起到了在两个按钮的单击事件中共享值的作用。

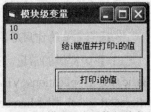

图 3.1.7 模块级变量值的共享

程序代码如下：

```
Private i As Integer               '在通用声明段中声明为模块级变量
Private Sub Command1_Click()       '"给i赋值并打印i的值" 按钮的单击事件
    i = 10
    Print i
End Sub
```

```
Private Sub Command2_Click()    '"打印i的值"按钮的单击事件
Print i
End Sub
```

【例3.1.4】 编写如下代码，运行程序，单击窗体3次，结果如图3.1.8所示，可以发现模块级变量起到了静态变量的保留值的作用。

程序代码如下：

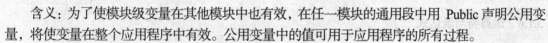

```
Dim i As Integer            '在通用声明段中声明为模块级变量
Private Sub Form_Click()
    i = i + 1
    Print i
End Sub
```

图3.1.8 通用声明段中
声明模块级变量

(3)公用变量的声明格式如下：

```
Public  变量名 [As  数据类型]
```

含义：为了使模块级变量在其他模块中也有效，在任一模块的通用段中用 Public 声明公用变量，将使变量在整个应用程序中有效。公用变量中的值可用于应用程序的所有过程。

【例3.1.5】 在工程1中建立 Form1、Form2 和模块 Module1，并在 Form1 窗体中添加命令按钮(Command1)，界面如图3.1.9所示。

图3.1.9 含有两个窗体和一个模块的工程

在 Module1 中输入如下声明语句：

```
Public i As Integer
Sub main()
    Form1.Show
End Sub
```

在"工程"菜单的"工程1属性"中设置"启动对象"为 Sub Main。

在 Form1 中输入下面的代码段：

```
Private Sub Command1_Click()    '"显示Form2"的命令按钮
    Form2.Show                  '显示Form2
End Sub
Private Sub Form_Click()
    i = 10
    Print i
End Sub
```

在 Form2 中输入下面的代码段：

```
Private Sub Form_Click()
    i=i+1
```

```
        Print i
   End Sub
```

设置启动窗体为 Form1，运行后，单击 Form1 一次，输出 i 的值为 10，结果如图 3.1.10(a) 所示；再单击 Command1 按钮，将启动 Form2 窗体，单击 Form2 一次，结果如图 3.1.10(b) 所示。可以看到输出 i 的值为 11，说明公用变量的值在不同模块间共享。

三类变量的不同声明方式与作用范围如表 3.1.2 所示。

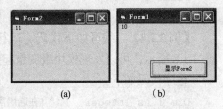

图 3.1.10　公用变量的值在不同模块间共享

表 3.1.2　三类变量的定义及其作用范围

作用范围	声明方式	声明位置	能否被本模块中其他过程访问	能否被其他模块访问
过程级变量	Dim,Static	过程之中	N	N
模块级变量	Dim,Private	模块的通用声明段中	Y	N
公共变量	Public	模块的通用声明段中	Y	Y

3.1.6　运算符与表达式

1. 运算符

运算符是用来连接运算对象，进行各种运算的操作符号。在 Visual Basic 中，运算符可分为 4 类：算术运算符、连接运算符、关系运算符和逻辑运算符。

1) 算术运算符

算术运算符是用来进行数学计算的运算符，算术运算符及其示例如表 3.1.3 所示，其中 "−" 运算符在单目运算(单个操作数)中表示取负号运算，在双目运算(两个操作数)中表示算术减运算，其余都是双目运算符(设变量 a 的值为 3)。

表 3.1.3　算术运算符及其示例

运算符	含义	优先级	示例
^	幂运算	1	$2^3=8$，$27^{(1/3)}=3$
−	负号	2	$-a$ 的结果是 −3
*	乘法	3	$2*a=6$，$a*a*a=27$
/	浮点数除法	3	10/3=3.33333333333333
\	整数除法	4	10\3=3
Mod	求余数	5	10 Mod 3=1
+	加法	6	$10+a=13$
−	减法	6	$10-a=7$

注意：使用运算符 Mod 时应在 Mod 与后面变量间加一个空格，否则 VB 会把它和后面的变量一起作为变量名，造成错误。例如，输入 Print 10Mod$a$，VB 会理解为 Print 10；Mod$a$。

想想议议：如何将任意一个两位整数 X 的个数位和十数位对换？

2) 连接运算符

连接运算符用来连接两个字符串的运算，能起连接作用的运算符有 "&" 和 "+"，它们的区别如下。

（1）"+"：当两边的操作数均为字符型时，执行连接操作；如果一个是数字字符型，另一个是数值型，则自动将字符转换为数值，然后进行算术加操作；如果一个是非数字字符型，另一个是数值型，则出错。

（2）"&"：无论两边是什么类型的操作数，系统都会先将两边转换成字符型，再连接，所以它是强制类型连接符。

注意：使用运算符"&"时应在变量与"&"间加一个空格，否则 VB 会先把它当成长整型的类型声明符，造成错误。

想想议议：100＋"100" & 200 的结果是什么？

3）关系运算符

关系运算符用来比较两个表达式之间的关系，其结果为 True(-1)、False(0) 或 Null。Visual Basic 中的关系运算符如表 3.1.4 所示。

表 3.1.4　关系运算符

运算符	含义	优先级	示例	结果
=	等于		"ABC"="ABR"	False
>	大于		"ABC">"ABR"	False
>=	大于等于		"ab">="学习"	False
<	小于	同一级	20<10	False
<=	小于等于		"20"<="10"	False
<>	不等于		"abc"<>"ABC"	True
Like	字符串匹配		"abcdefg" Like "*de*"	True
Is	对象引用比较			

（1）比较规则如下。

①如果两个操作数是数值型，则按其值的大小比较。

②如果两个操作数是字符串型，则按字符的 ASCII 码值从左到右逐一字符进行比较，即先比较第 1 个字符，如果相同则比较第 2 个字符，以此类推，直到出现不同的字符为止。

③汉字字符大于西文字符。

（2）Like 的语法格式：

字符串 Like 匹配模式

参数说明：匹配模式可以是任何字符串表达式。

作用：用来比较两个字符串是否匹配，如果匹配则值为 True，否则为 False。但是如果字符串或匹配模式中有一个为 Null，则结果为 Null。常与通配符"？"、"*"、"#"、[字符列表]、[!字符列表]一起使用，在数据库的 SQL 语句中经常使用，用于模糊查询。

例如：

```
"aBa" Like "a?a"          '结果为True，"？"表示任何单一字符
"aBBBa" Like "a*a"        '结果为True，"*"表示0个或多个字符
"a2a" Like "a#a"          '结果为True，"#"表示任何一个数字(0~9)
"F" Like "[A-Z]"          '结果为True，"[字符列表]"表示字符列表中的任何单一字符
"F" Like "[!A-Z]"         '结果为False，"[! 字符列表]"表示不在字符列表中的任何单一字符
"aM5b" Like "a[L-P]#[!c-e]"  '结果为True
"BAT123khg" Like "B?T*"   '结果为True
"CAT123khg" Like "B?T*"   '结果为False
```

（3）Is。语法格式如下：

对象名1 Is 对象名2

作用：用来比较两个对象的引用变量。如果两者引用相同的对象，则结果为 True，否则为 False。

4) 逻辑运算符

逻辑运算符是用来进行逻辑运算的运算符，通常用来表示较复杂的关系。逻辑运算符及其含义如表 3.1.5 所示（设 A=True，B=False）。

表 3.1.5　逻辑运算符

运算符	含义	优先级	示例	结果
Not	非(取反)	1	Not A	False
And	与(两者均为真时，结果为真)	2	A And B	False
Or	或(两者中有一个为真时，结果才为真)	3	A Or B	True
Xor	异或(两者不相同，即一真一假时，结果才为真)	3	A Xor B	True
Eqv	逻辑等价(两者相同时，结果才为真)	4	A Eqv B	False
Imp	逻辑蕴涵(第 1 个操作数为真，第 2 个为假时，结果才为假)	5	A Imp B	False

5) 运算优先次序

在表达式中，当运算符不止一种时，其优先级别如下：

算术运算符>连接运算符>关系运算符>逻辑运算符

所有关系运算符的优先次序都相同，即按它们出现的顺序从左到右进行处理。而算术运算符和逻辑运算符则必须按上面的优先顺序进行处理。

2. 表达式

表达式由变量、常量、运算符、函数和圆括号按一定规则组成，其运算结果的类型由数据和运算符共同决定。

1) 书写规则

表达式在书写时，需遵循以下书写规则。

（1）乘号不能省略。例如，$3x+5$ 应写成 3*x+5。

（2）括号必须成对出现，且均使用圆括号，可以出现多个圆括号，但要配对。

（3）用到 VB 的标准函数时，必须使用其规定的标准函数，且函数参数必须用圆括号括起来。

（4）遇到分式的情况，要注意分子、分母是否应加上括号，以免引起运算次序的错误。

例如，已知数学表达式 $\dfrac{\sqrt{5(x+2y)+3}}{(xy)^4-1}$，写成 VB 表达式为 sqr(5*(x+2*y)+3)/((x*y)^4-1)

2) 不同数据类型的转换

在算术表达式中，如果操作数具有不同的数据精度，则 VB 规定运算结果的数据类型采用精度高的数据类型，即 Integer<Long<Single<Double<Currency，但当 Long 型数据与 Single 型数据运算时，结果为 Double 型数据。

注意：对于多种运算符并存的表达式，可增加圆括号，以改变优先级或使表达式更清晰。例如，若选拔优秀生的条件为年龄(设为变量 Age)小于 20 岁，3 门课程总分(设为变量 Total)高于 280 分，其中一门(3 门课程分别设为变量 G1、G2、G3)为 100 分，则表达式应写为 Age<20 And Total>280 And (G1=100 Or G2=100 Or G3=100)。

思考与探索

编程语言和自然语言不同，编程语言语法是非常严格的，任何一点语法错误都会导致程序无法执行，因此，严谨治学的精神很重要。以上表达式中的括号可以省略吗？为什么？

【例 3.1.6】 设计一个简易计算器，能进行加、减、乘、除、整除和取余的四则运算。简易计算器窗口界面如图 3.1.11 所示。

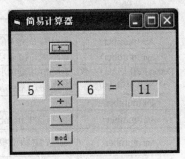

图 3.1.11　简易计算器窗口

简易计算器界面的左侧设计 2 个文本框、6 个运算符的命令按钮、1 个等号标签、1 个运算结果标签。程序代码如下：

```
Private Sub Command1_Click()
    Label2.Caption = Val(Text1) + Val(Text2)
End Sub
Private Sub Command2_Click()
    Label2.Caption = Val(Text1) - Val(Text2)
End Sub
Private Sub Command3_Click()
    Label2.Caption = Val(Text1) * Val(Text2)
End Sub
Private Sub Command4_Click()
If Val(Text2) = 0 Then
    MsgBox "除数不能为0", vbOKOnly + vbCritical, "错误"      '判断除数
Else
    Label2.Caption = Val(Text1) / Val(Text2)              '除运算
End If
End Sub
Private Sub Command5_Click()
If Val(Text2) = 0 Then
    MsgBox "除数不能为0", vbOKOnly + vbCritical, "错误"      '判断除数
Else
    Label2.Caption = Val(Text1) \ Val(Text2)             '整除运算
End If
End Sub
Private Sub Command6_Click()
If Val(Text2) = 0 Then
    MsgBox "除数不能为0", vbOKOnly + vbCritical, "错误"      '判断除数
Else
    Label2.Caption = Val(Text1) Mod Val(Text2)
End If
End Sub
```

3.1.7 常用内部函数

Visual Basic 具有丰富的内部函数供用户使用。常用函数按功能可以分为：数学函数、类型转换函数、字符串函数、日期和时间函数、颜色函数、测试函数，以及其他功能函数。

1. 数学函数

数学函数用来完成特定的数学计算。数学函数及其功能如表3.1.6所示，其中number是 Double 或任何有效的大于或等于 0 的数值表达式参数。

表 3.1.6　数学函数

函数语法	功能描述	示例和注意事项
Abs(number)	返回参数的绝对值	Abs(-3.5)=3.5
Sgn(number)	返回参数的正负号	Sgn(-3.5)= -1, Sgn(0)=0, Sgn(5)=1
Round(数值表达式[,小数点右边应保留的位数])	返回按照指定的小数位数进行四舍五入后的值。如果忽略小数点右边应保留的位数，则返回整数	Round(3.4)=3, Round(-3.6)=-4, Round(3.345678, 3)=3.346
Fix(number)	取整	Fix(3.5)=3, Fix(-3.5)=-3
Int(number)	返回不大于 number 的最大整数	Int(3.5)=3, Int(-3.5)=-4
Sqr(number)	返回参数的平方根	Sqr(9)=3 Sqr(9.5)=3.08220700148449
Exp(number)	返回 e(自然对数的底,值约是 2.718282)的某次方	Exp(3)=20.086 Exp(-3)=4.97870683678639E-02
Log	计算以自然对数值 e 为底的对数值	Log(10)=2.3
Sin(number)	计算一个指定角的正弦值	Sin(0)=0, Cos(0)=1
Cos(number)	计算一个指定角的余弦值	Tan(0)=0, Atn(0)=0
Tan(number)	计算一个指定角的正切值	
Atn(number)	计算一个指定角的反正切值	注意：number 的单位为弧度
Rnd[(number)]	返回一个[0，1)的随机小数	10 * Rnd()产生一个 0～10 的随机数，不包括 10

2. 类型转换函数

当对不同类型的变量进行运算或赋值时，就要进行类型转换。Visual Basic 提供的类型转换函数如表 3.1.7 所示。

表 3.1.7　类型转换函数

函数语法	功能描述	示例和注意事项
Val(string)	数字字符串转换为数值	Val("123abc")=123 Val("abc123")=0 Val("-12.35E3")=-12350
Str(number)	将数值转换成字符类型	Str(-123)="-123"
CInt(expression)	将 expression 转换成整型	CInt(1.5)=2，CInt(1.4)=1
CLng(expression)	将 expression 转换成长整型	CLng(2542.56)=2543
CSng(expression)	将 expression 转换成单精度型	CSng(75.3421555)=75.34216
CDbl(expression)	将 expression 转换成双精度型	CCur(1086.429176)=1086.4292
CCur(expression)	将 expression 转换成货币型	CByte(1.56)=2,CBool(0)=False CBool(1)=True, CBool(-5)=True
CByte(expression)	将 expression 转换成字节型	CDate("February 12, 1969")=#1969-2-12#
CBool(expression)	将 expression 转换成逻辑型	CStr(-123)="-123"
CDate(expression)	将 expression 转换成日期型	CStr(0)="0"
CStr(expression)	将 expression 转换成字符型	CStr(123)="123"(注意与 Str 函数的区别)
CVar(expression)	将 expression 转换成万能型	注意：expression 传递到转换函数的值必须是有效的，否则会发生错误

3. 字符串函数

字符串函数用来完成对字符串的操作和处理，常用字符串函数及其功能如表 3.1.8 所示。

表 3.1.8　字符串函数

函数语法	功能描述	示例和注意事项
Len(string)	返回字符串长度(字符个数)	Len ("Hello World")=11 Len("VB 程序设计")=6
LenB(string)	返回字符串所占的字节数	LenB ("Hello World")=22 LenB("VB 程序设计")=12
Left(string, length)	从左边取指定长度为 length 的字符串	Left("Hello World",1)="H" Left("Hello World",5)="Hello"
Right(string,length)	从右边取指定长度 length 的字符串	Right("Hello World", 1)="d" Right("Hello World", 5)="World"

函数语法	功能描述	示例和注意事项
Mid(string, start[, length])	取字符子串，在 string 中从 start 位开始向右取 length 个字符	Mid("abcde12345", 6, 2)="12" Mid("abcde12345", 6)="12345"
Ltrim(string)	清除字符串左边的空格	LTrim(" ab ")="ab "
Rtrim(string)	清除字符串右边的空格	RTrim(" ab ")=" ab"
Trim(string)	清除字符串两边的空格	Trim(" ab ")="ab"
Asc(string)	返回字符串 string 中首字母的 ASCII 码值	Asc("Apple")=65 Asc("a123")=97
Chr(charcode)	返回 ASCII 码值为 charcode 的字符。charcode 是一个用来识别某字符 ASCII 码值	Chr(65)="A"，Chr(97)="a" Chr(65.6)="B"
UCase(string)	将小写字母转换为大写字母	UCase("abc123")="ABC123"
LCase(string)	将大写字母转换为小写字母	LCase("ABC123")="abc123"
InStr([start,]string1, string2)	在 string1 中从 start 开始搜索 string2 最先出现的位置，start 省略则从头开始找，找不到就返回 0	InStr(2, "12abdc12345", "12")=7 InStr("12abdc12345", "12")=1 InStr("12abdc12345","66")=0
Space(number)	返回 number 个空格的字符串	Space(3)=" "
String(number, character)	返回由字符串 character 中首字符组成的 number 个字符串	String(3,"abc")="aaa"
Replace(expression, find,replacewith[, start[,count]])	在 expression 中从 start 开始将 replacewith 替换 find 共 count 次	Replace("abc12edfg12r","12","66")="abc66edfg66r" Replace("abc12edfg12r","12","66", 5)="2edfg66r" Replace("abc12edfg12r","12","66",3, 1)="c66edfg12r"

想想议议：

（1）如何用一个表达式来表示字符变量 C 是字母字符？

（2）Len(str(123))运行结果是什么？

4. 日期和时间函数

Visual Basic 中关于日期和时间的函数很多，借助这些函数不仅可以返回和设置当前的日期和时间，而且可以从日期中提取年、月、日、时、分、秒，以及对日期和时间进行格式化等。常用的日期和时间函数如表 3.1.9 所示。

表 3.1.9 日期和时间函数

函数语法	功能描述	示例和注意事项
Now	返回系统的日期和时间	Now 的值为 2005-7-22 11：58：20 AM
Date[()]	返回系统日期	Date 的值为 2005-7-22
DateSerial(year, month, day)	返回包含指定的年、月、日的日期	DateSerial(1969,2,12)=#1969-2-12#
DateValue(String)	返回包含指定的年、月、日的日期，但自变量为字符串	DateValue("1969,2,12")=#1969-2-12#
MonthName(Month)	返回月份名，Month 是月份的数值表示	MonthName(1)="一月"
Time	返回系统的时间	Time 的值：11：58：20 AM
Hour(time)	从时间中返回小时(0~24)	Hour(#3:12:56 PM#)=15
Minute(time)	从时间中返回分钟(0~59)	Minute(#3:12:56 PM#)=12
Second(time)	从时间中返回秒(0~59)	Second(#3:12:56 PM#)=56
Weekday(date)	从日期中返回星期代号(1~7)，星期日为 1	Weekday(#5/27/1995#)=7 Weekday("95-05-27")=7 Weekday("95,05,27")=7
WeekdayName(weekday)	返回星期数的名称,weekday 是星期的数值表示	WeekdayName(7)="星期四"

函数语法	功能描述	示例和注意事项
DateAdd(要增减日期形式，增减量，要增减的日期变量)	对要增减的日期变量按日期形式进行增减	DateAdd("ww",2,#2/14/2000#)=#2/28/2000#
DateDiff(要间隔日期形式，日期1，日期2)	返回两个指定日期间的时间间隔数目	DateDiff("d",#2/14/2000# ,#2/28/2000#)=14 DateDiff("d",#2/28/2000# ,#2/14/2000#)=-14

想想议议：使用 VB 函数计算现在离毕业还有多少天？

5. 颜色函数

颜色函数返回某种颜色，主要使用两种函数。

1) QBColor 函数

语法格式如下：

```
QBColor(color)
```

参数说明：color 是一个 0～15 的整数，根据表 3.1.10 中的设置值返回对应的 16 种颜色之一。

表 3.1.10　color 的设置值及对应颜色

设置值	对应颜色	设置值	对应颜色
0	黑色	8	灰色
1	蓝色	9	亮蓝色
2	绿色	10	亮绿色
3	青色	11	亮青色
4	红色	12	亮红色
5	洋红色	13	亮洋红色
6	黄色	14	亮黄色
7	白色	15	亮白色

2) RGB 函数

语法格式如下：

```
RGB(red, green, blue)
```

作用：通过红、绿、蓝 3 种颜色的值来确定一种颜色。

参数说明：red、green、blue 分别表示颜色中的红色、绿色和蓝色的成分。数值范围均为 0～255，0 表示亮度最低，255 表示亮度最高。每一种可视的颜色都由这 3 种主要颜色组合产生。例如：

```
Form1.BackColor = RGB(0, 128, 0)      '设定背景为绿色
Form1.BackColor = RGB(255, 255, 0)    '设定背景为黄色
Form1.BackColor = RGB(255, 255, 255)  '设定背景为白色
```

6. 测试函数

测试函数用来对一个变量或一个表达式进行类型判定，若是测定类型则返回 True，否则返回 False。常用测试函数如表 3.1.11 所示。

表 3.1.11 常用测试函数

函数名	功能描述
IsArray	判断变量是否为数组
IsDate	判断表达式是否为日期
IsEmpty	判断变量是否已被初始化
IsNumeric	判断表达式是否为数值型
IsObject	判断表达式是否为对象变量
Lbound	测试数组下标的下限
Ubound	测试数组下标的上限
TypeName	返回表示变量类型的字符串

7. Shell 函数

在 VB 中，要调用在 DOS 下或 Windows 下运行的可执行程序，可以通过 Shell 函数来实现。

Shell 函数的语法格式如下：

```
Shell(命令字符串[, 窗口类型])
```

参数说明如下。

命令字符串：要执行的应用程序名，包括其路径，它必须是可执行文件(.com、.exe)。

窗口类型：表示执行应用程序的窗口大小，取值范围为 0 ~ 4、6 的整型数，一般取 1。

函数成功调用的返回值为一个任务标识 ID，它是运行程序的唯一标识。

例如，启用 Windows 下的计算器，程序代码如下：

```
i = Shell("calc.exe")
```

注意：对于执行 Windows 系统自带的软件，如附件中的"计算器"等各种程序，可以不写明程序的路径；对于其他应用程序，必须写明程序所在的路径。

例如，打开 VB 6.0 环境的代码如下：

```
i=Shell("C:\Program Files\Microsoft Visual Studio\VB98\VB6.EXE")
```

Visual Basic 的函数非常丰富，在这里只是简单列出了常用函数的函数名及其功能，其他详细内容请读者参阅 Visual Basic 帮助文件。

3.1.8 顺序结构

结构化程序设计具有三种控制结构：顺序结构、选择结构和循环结构。

顺序结构是一类最基本和最简单的结构。顺序结构的特点：程序按照语句在代码中出现的顺序自上而下地逐条执行；顺序结构中的每一条语句都被执行，而且只能被执行一次。在顺序结构程序设计中用到的典型语句有赋值语句、输入/输出语句。

在 VB 中也有赋值语句，而输入/输出语句可以通过文本框控件、标签控件、InputBox 函数、MsgBox 函数和过程以及 Print 方法等来实现。

1. 赋值语句

赋值语句的语法格式如下：

```
变量名 = 表达式
```

赋值语句的作用是计算赋值号右侧表达式的值，然后将计算结果赋给左侧的变量。此外，也可以通过赋值语句给对象的属性赋值，语法格式如下：

```
对象名.属性名 = 属性值
```

在赋值时，若右边表达式的类型与左边变量类型不同，则遵循以下规则。

（1）当将一种数值类型的表达式赋给另一种数值类型的变量时，会强制转换成左边变量的精度。例如：

```
inti=4.6      'inti为整型，赋值时先转换，进行四舍五入，结果为5
```

（2）当表达式是数字字符串，左边变量是数值类型时，自动转换成数值类型再赋值，但当表达式有非数字字符或空串时则出错。

（3）当逻辑型赋值给数值型时，True 转换为-1，False 转换为 0。反之，当数值型赋值给逻辑型时，非 0 转换为 True，0 转换为 False。

（4）任何非字符类型赋值给字符类型时，自动转换为字符类型。

注意：

①语句中的"＝"是赋值符，它将表达式的值赋给对象的属性或变量，不是等号，在条件表达式中出现的才是等号。

例如，$x=y$ 和 $y=x$ 是两个不等价的赋值语句，而在条件表达式中是完全等价的；$i=i+1$ 如果作为赋值语句是正确的，而作为等号理解是永远不成立的。

②赋值号左边只能是变量，不能是常量、符号常量或表达式。

例如，下面 3 条语句都是错误的：

```
sin(x)=2*x+3 ：10=x+y-5 ：x+y=5
```

③不能在一条赋值语句中同时给多个变量赋值。

例如，运行下面的程序段，结果会是 3 个 0。代码如下：

```
Private Sub Form_Click()
    Dim i As Integer, j As Integer, k As Integer
    i = j = k = 1
    Print i, j, k
End Sub
```

这是因为执行前 i、j、k 变量的默认值是 0，编译时，VB 只将最左边的一个"＝"作为赋值号，而右边两个都作为等号处理了。执行时先进行 $j=k$ 的比较，结果为 True，再进行 True=1 的比较，结果为 False，最后将 False(0)赋给 i，所以最终 i、j、k 变量的值都是 0。

想想议议： $a\%=5.6$，$b\%="\,123"$，$c\%="\,a123"$ 三条语句的运行结果是什么？

2. 数据输入和输出

一个程序通常可分为四部分：说明(声明要用到的变量、符号常量、数组等)、输入、处理和输出。在 VB 中常用以下两个交互性函数来配合输入。

1)使用标签和文本框控件

利用标签的 Caption 属性来输出数据。利用文本框控件的 Text 属性获得用户从键盘输入的数据，或将计算结果输出。

例如，"成绩输入"窗口实现了从文本框 Text1 输入学生成绩后通过标签 Label3 显示：

```
Dim score As Single                '变量定义
score = Val(Text1)                 '接收文本框Text1的成绩输入值
Label3.Caption = score             '在标签Label3中显示成绩值
```

2)使用输入框来提示输入

使用 InputBox 函数请求接收用户的数据，其语法格式如下：

```
InputBox(提示[,标题] [,默认值] [,x坐标位置] [,y坐标位置])
```

作用：在一个对话框中显示提示，等待用户输入正文或单击按钮，并返回包含文本框内容的 String。如果用户单击"确定"按钮或按下 Enter 键，则 InputBox 函数返回文本框中的所有内容；如果用户单击"取消"按钮，则返回一个零长度字符串""。

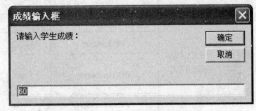

图 3.1.12　成绩输入框

例如，score= InputBox("请输入学生成绩：","成绩输入框","60") 所显示的输入框如图 3.1.12 所示。

参数说明如下。

(1) 提示：作为对话框消息出现的字符串表达式，最大长度是 1024 个字符，由所用字符的宽度决定。如果提示包含多行，则可在各行之间用回车符(Chr(13))、换行符(Chr(10))或它们的组合（Chr(13) & Chr(10)）等来分隔。

(2) 标题：显示对话框标题栏中的字符串表达式。若省略则把应用程序名放入标题栏中。

(3) 默认值：显示文本框中的字符串表达式，在没有其他输入时作为默认值，若省略则文本框为空。

(4) x 坐标位置和 y 坐标位置：数值表达式，成对出现，指定对话框的左边与屏幕左边的水平距离和上边与屏幕上边的距离。如果省略则对话框会在水平方向居中、垂直方向距下边大约 1/3 的位置。

注意： 无论向对话框输入什么类型的数据，InputBox 函数只能将它作为字符串返回；另外，中间默认的参数也要留有位置并用英文逗号分隔。

想想议议： 如果使用语句 score! = Val(InputBox("请输入学生成绩：","成绩输入框","88"))，则程序运行后输入框中 score 的初值是多少？

3) 使用消息对话框显示信息

可以用 MsgBox 函数获得"是"或者"否"的响应，并显示简短的消息，如错误、警告或者对话框中的期待。看完这些消息以后，可单击一个按钮来关闭该对话框。

函数语法格式如下：

```
变量 = MsgBox(提示[,按钮] [,标题])
```

也可以作为过程，其语法格式如下：

```
MsgBox 提示[,按钮] [,标题]
```

若无返回值，则格式中无括号。

参数说明如下。

(1) 提示和标题：与 InputBox 函数中含义相同。

(2) 按钮：数值表达式是值的总和，指定显示按钮的数目及形式、使用的图标样式、默认按钮是什么以及消息框的强制回应等。如果省略，则默认为 0。表 3.1.12 列出了其设置值，以下 4 组方式可以组合使用(可以用常数或值的形式表示)。

表 3.1.12　按钮参数的设置值

分组	常数	值	描述
第 1 组值（0～5）描述了对话框中显示的按钮的类型与数目	VbOKOnly	0	只显示 OK 按钮
	VbOKCancel	1	显示 OK 及 Cancel 按钮
	VbAbortRetryIgnore	2	显示 Abort、Retry 及 Ignore 按钮
	VbYesNoCancel	3	显示 Yes、No 及 Cancel 按钮
	VbYesNo	4	显示 Yes 和 No 按钮
	VbRetryCancel	5	显示 Retry 和 Cancel 按钮

分组	常数	值	描述
第2组值（16,32,48,64）描述了图标的样式	VbCritical	16	显示 Critical Message 图标 ⊗
	VbQuestion	32	显示 Warning Query 图标 ?
	VbExclamation	48	显示 Warning Message 图标 ⚠
	VbInformation	64	显示 Information Message 图标 ⓘ
第3组值（0,256,512,768）说明哪一个按钮是默认值	VbDefaultButton1	0	第一个按钮是默认值
	VbDefaultButton2	256	第二个按钮是默认值
	VbDefaultButton3	512	第三个按钮是默认值
	VbDefaultButton4	768	第四个按钮是默认值
第4组值（0,4096）决定消息框的模式	VbApplicationModal	0	应用模式：用户必须对消息框作出响应才能继续当前的应用程序
	VbSystemModal	4096	系统模式：用户必须对消息框作出响应才继续全部的应用程序

另外，MsgBox 函数还可能通过返回值表明用户选择了哪个按钮，如表 3.1.13 所示。

表 3.1.13　MsgBox 函数的返回值

常数	值	用户单击的按钮
VbOK	1	确定
VbCancel	2	取消
VbAbort	3	终止(A)
VbRetry	4	重试(R)
VbIgnore	5	忽略(I)
VbYes	6	是(Y)
VbNo	7	否(N)

说明：如果对话框显示"取消"按钮，则按 Esc 键与单击"取消"按钮的效果相同。如果对话框中有"帮助"按钮，则对话框中提供了上下文相关的帮助。但是，在其他按钮中的一个被单击之前，不会返回任何值。

【例 3.1.7】　窗口上如果有退出命令按钮，则单击退出按钮时可以使用消息框确认输入是否退出，如图 3.1.13 所示。

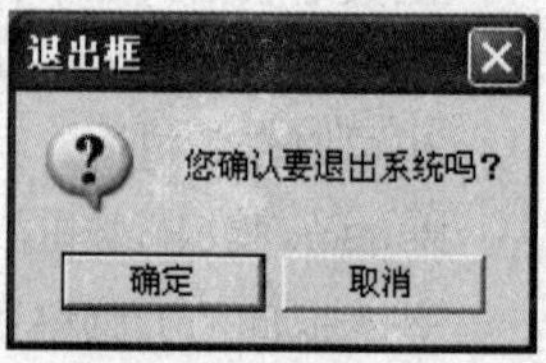

图 3.1.13　退出确认框

程序代码如下：

```
Private Sub Command2_Click()
    Dim a As Integer
    a = MsgBox("您确认要退出系统吗? ",vbOKCancel + vbQuestion,"退出框")
    If a = vbOK Then
        End
    End If
End Sub
```

4）Print 方法输出

下面主要介绍 Print 方法及其相关的函数，它是 VB 中最常用的输出方法，其语法格式如下：

[对象名.] Print [Spc(n)|Tab(n)] [表达式列表] [;|,]

参数说明如下。

（1）对象名：若省略则在当前窗体上输出。

（2）Spc(n) 函数：输出时从当前打印位置起空 n 个空格。

(3) Tab(*n*)函数：从对象界面最左端第 1 列开始的第 *n* 列定位输出。如果 *n* 小于 1 则定位于第 1 列；如果 *n* 比行宽大时，则定位于 *n* Mod 行宽。

(4) 表达式列表：是一个或多个表达式，要先计算出表达式的值然后输出。对于字符串则原样输出(""不显示)。如果省略则输出一个空行。

表达式列表中可以使用以下分隔符。

逗号(分区)：光标定位在下一个打印区的开始位置处，打印区间隔 14 列。

分号(紧凑)：光标定位在上一个显示的字符后。

表达式列表的后面除了可以使用逗号和分号外(作用相同)外，也可以省略任何符号。

无符号(换行)输出后换行。

【例 3.1.8】 在窗体上显示如图 3.1.14 所示的三角图形。

程序代码如下：

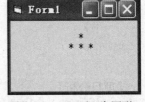

图 3.1.14 显示三角图形

```
Private Sub Form_Click()
    Print
    Print Tab(15); "*"
    Print Tab(13); "*"; Spc(1); "*"; Spc(1); "*"
End Sub
```

注意：一般 Print 方法在 Form_Load 事件过程中无效，只有将窗体的 AutoRedraw 属性的默认值设置为 True 才会有效。

5) 格式输出函数

Visual Basic 为显示数字、日期和时间的格式提供了大量格式定义符号。对于数字、日期和时间，可以很容易地用国际格式来显示。

使用 Format 函数设置数字、日期和时间的输出格式，其语法格式如下：

Format(表达式[,格式字符串])

其中，表达式是指定要格式化的数值、日期和字符串类型表达式。Format 是由一些符号组成的，用于说明如何确定文本的格式，包括 3 类，即数字格式、日期和时间格式及字符串格式。

限于篇幅，本书仅列出最常用的数值格式串，如表 3.1.14 所示，其他格式可以查看 VB 的帮助信息。

表 3.1.14 常用数值格式串

符号	功能描述	示例	结果
0	若实际数字位数小于格式串的位数，则数字前后加 0	Format(5181.8, "0000.00")	"5181.80"
		Format(5181.8, "00000.00")	"05181.80"
#	若实际数字位数小于格式串的位数，则数字前后不加 0	Format(5181.8, "####.##")	"5181.8"
		Format(5181.856, "####.##")	"5181.86"
.	小数保留区	Format(5181, "0000.00")	"5181.00"
,	千位分隔符	Format(5181.8, "#,###.##")	"5,181.8"
%	数值乘以 100，加百分号	Format(8, "0.00%")	"800.00%"
-+$ ( ) space	字母字符等各种字符都要按格式字符串中的原样精确地显示出来	Format(5181, "$0.00E+00")	"$5.181E+03"
		Format(0.5181, "($)0.00E-00")	"($)5.18E-01"

想想议议：能够实现数据输入、数据处理和数据输出的语句各有哪些？

3.2 项目 学生成绩评定

【项目目标】

本项目实例主要任务是设计完成"成绩管理"中的"成绩等级评定"界面，如图 3.2.1 所示。单击"成绩输入"按钮输入 1 名学生的成绩，单击"成绩评定"按钮输出评定结果。

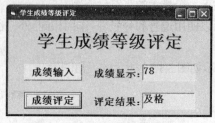

图 3.2.1 学生成绩等级评定窗口

【项目分析】

本项目实例主要运用流程控制结构中的选择结构来进行成绩等级的评定。

"学生成绩等级评定"窗口中包括 2 个命令按钮和 5 个标签，要为这 7 个对象设置相应的属性值，并且为命令按钮编写代码来完成成绩的输入和等级评定，将成绩等级评定结果直接显示在标签中。

【项目实现】

1. 程序界面设计

双击"工程资源管理器"中的 Form8（成绩评定）窗体，进入 Form8 的窗体设计状态，添加 5 个标签 Label1、Label2、Label3、Label4、Label5 和 2 个命令按钮 Command1、Command2。

2. 界面对象属性设置

参照图 3.2.1 在属性窗口中为窗体和控件设置相应的属性值。

3. 编写对象事件过程代码

在成绩等级评定管理窗口 Form8 中添加如下代码：

```
Dim score As Single                          '通用区定义变量，模块级变量
Private Sub Command1_Click()
score = Val(InputBox("请输入学生成绩：", "成绩输入框"))
Label4.Caption = score
End Sub
Private Sub Command2_Click()
    Label5.Caption = " "
    If score >= 60 Then
    Label5.Caption = "及格"
    Else
    Label5.Caption = "不及格"
    End If
End Sub
```

运行程序，单击"成绩评定"命令按钮，输入成绩，查看执行结果。

3.2.1 选择结构

有了控制结构即可控制程序执行的流程。有些简单程序可以只用单向流程来编写，当问题比较复杂时，还要用到选择结构或循环结构。

Visual Basic 过程能够测试条件，然后根据测试结果执行不同的操作。Visual Basic 支持的判定结构包括：If…Then、If…Then…Else、If…Then…ElseIf、Select Case。

1. If…Then 结构（单分支结构）

用 If…Then 结构可有条件地执行一条或多条语句，其语法格式有以下两种形式：

```
If <表达式> Then <语句>
```

或

```
If <表达式> Then
    <语句块>
End If
```

作用：若表达式为 True，则执行 Then 关键字后面的所有语句块（或语句），其流程图如图 3.2.2 所示。

参数说明如下。

（1）"<>"中的内容为必要项，不能省略。

（2）表达式通常是关系式或逻辑式，但它也可以是任何计算数值的表达式。Visual Basic 认为一个为 0 的数值为 False，而任何非 0 数值都被看作 True。

例如：

```
If x < y Then Print x
```

或

```
If x < y Then
    Print x
End If
```

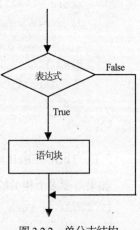

图 3.2.2　单分支结构

注意：If…Then 的单行格式不用 End If 语句。如果表达式为 True 时要执行多行代码，则必须使用多行块 If…Then…End If 语法。

例如：

```
If Score < 60 Then
    Print "你不及格！"
    Print "继续努力！"
End If
```

2. If…Then…Else 结构（双分支结构）

当问题为"在条件成立时执行一组语句，条件不成立时执行另一组语句"时，会用到 If…Then…Else 结构，其语法格式有以下两种形式：

```
If <表达式> Then <语句1>  Else <语句2>
```

或

```
If <表达式> Then
```

```
    <语句块1>
Else
    <语句块2>
End If
```

作用：当表达式的值为 True(非 0)时，执行 Then 后面的语句块 1(或语句 1)，否则执行 Else 后面的语句块 2(或语句 2)，其流程如图 3.2.3 所示。

【例 3.2.1】 使用输入框输入学生分数 (score)，单击"成绩评定"按钮(Command1)在标签(Label1)中显示成绩评定结果。

程序代码如下：

```
Private Sub Command1_Click()
    Dim score As Single
    score = Val(InputBox("请输入学生成绩: ", "成绩输入框"))
    If score >= 60 Then
        Label1.Caption = "及格"
    Else
        Label1.Caption = "不及格"
    End If
End Sub
```

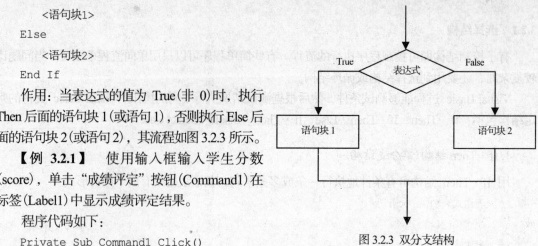

图 3.2.3 双分支结构

3. If…Then…ElseIf 结构(多分支结构)

如果需要多个相关的条件进行判断，就需要用到多分支结构，其语法格式如下：

```
If <表达式1> Then
    <语句块1>
ElseIf <表达式2> Then
    <语句块2>
    …
ElseIf <表达式n> Then
    <语句块n>
[Else
    <语句块n+1>]
End If
```

作用：首先测试表达式 1，如果为 False，再测试表达式 2，以此类推，直到找到一个为 True 的条件。当找到一个为 True 的条件时，就会执行相应的语句块，然后执行 End If 后面的代码。如果测试条件都不为 True，则执行 Else 后的语句块。其流程如图 3.2.4 所示。

【例 3.2.2】 对例 3.2.1 进行修改，使其给出优、良、中、及格和不及格 5 种等级的成绩评定。

程序代码如下：

```
Private Sub Command1_Click()
    Dim score As Single
    score = Val(InputBox("请输入学生成绩: ", "成绩输入框"))
        If Score < 60 Then
```

```
            Label1.Caption = "不及格"
        ElseIf Score < 70 Then
            Label1.Caption = "及格"
        ElseIf Score < 80 Then
            Label1.Caption = "中"
        ElseIf Score < 90 Then
            Label1.Caption = "良"
        Else
            Label1.Caption = "优"
        End If
    End Sub
```

想想议议：对于上述程序中的多条ElseIf语句，是否可以改变它们的顺序呢？为什么？

注意：

(1)程序执行了一个分支后，其余分支不再执行，注意多分支中表达式的书写次序，防止出现条件交叉矛盾。

(2)ElseIf的Else和If中间不能有空格，这是初学者易出现的错误。

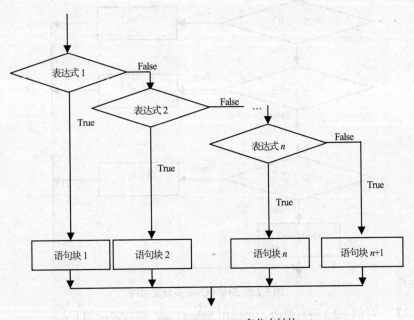

图3.2.4　If…Then…ElseIf多分支结构

4. Select Case 结构

当每个 ElseIf 都将相同的表达式与不同的数值相比时，这个结构编写起来很烦琐。在这种情况下，可以使用 Select Case 结构。Select Case 语句的功能与 If…Then…ElseIf 语句类似，但 Select Case 语句使代码更加清晰易读，其语法格式如下：

```
Select Case <测试表达式>
    Case <表达式列表1>
        <语句块1>
    Case <表达式列表2>
```

```
        <语句块2>
    …
    [Case Else
        <语句块n+1>]
End Select
```

参数说明如下。

（1）测试表达式：可以是数值型或字符串型。

（2）表达式列表 i：与测试表达式的类型必须相同。可以是下面 4 种形式：①表达式；②一组用逗号分隔的枚举值，如 Case 1,2,3,4,5；③表达式 1 To 表达式 2，如 Case 1 to 5（包括 1 和 5）；④Is 关系表达式，如 Case Is>=60。

作用：根据测试表达式的结果与 Case 子句中表达式列表的值进行比较，决定执行哪一组语句块。如果多个 Case 子句中的值与测试表达式相匹配，则只对第一个匹配的 Case 执行与之相关联的语句块。如果没有一个值与测试表达式相匹配，则执行 Case Else（此项是可选的）后的语句。其流程如图 3.2.5 所示。

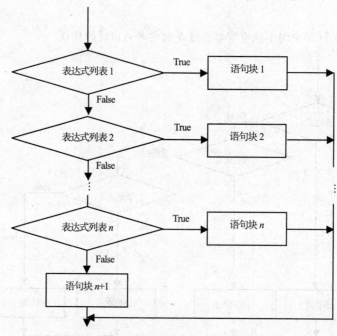

图 3.2.5　Select Case 多分支结构

【例 3.2.3】　对例 3.2.2 进行修改，可以用 Select Case 结构表示如下：

```
Private Sub Command1_Click()
    Dim score As Single
    score = Val(InputBox("请输入学生成绩: ", "成绩输入框"))
    Select Case Score
        Case 0 to 59
            Label5.Caption = "不及格"
        Case 60 to 69
            Label5.Caption = "及格"
        Case 70 to 79
            Label5.Caption = "中"
```

· 78 ·

```
        Case 80 to 89
            Label5.Caption = "良"
        Case Else
            Label5.Caption = "优"
    End Select
End Sub
```

想想议议：对这段程序中的多条 Case 语句，是否可以改变它们的顺序呢？为什么？

是不是所有的 If …Then … ElseIf 结构都可用 Select Case 结构来替代呢？看一看下面这个程序段：

```
If X > 0 And Y > 0 Then
    Label1.Caption = "第一象限"
ElseIf X < 0 And Y > 0 Then
    Label1.Caption = "第二象限"
ElseIf X < 0 And Y > 0 Then
    Label1.Caption = "第三象限"
ElseIf X > 0 And Y < 0 Then
    Label1.Caption = "第四象限"
End If
```

这段程序的 If …Then … ElseIf 结构中每次比较的条件并不相同，此时，就很难将其转换成 Select Case 结构。由于 Select Case 结构每次都要在开始处计算表达式的值，而 If…Then…ElseIf 结构为每个 ElseIf 语句计算不同的表达式，因此，只有在 If 语句和每一个 ElseIf 语句具有相同表达式时，才能用 Select Case 结构替换 If…Then…ElseIf 结构。

3.2.2　判定结构嵌套

可以把一个控制结构放入另一个控制结构之内（如在 For…Next 循环中的 If…Then）。一个控制结构内部包含另一个控制结构称为结构嵌套。

在 Visual Basic 中，控制结构的嵌套层数没有限制。按照一般习惯，为了使判定结构和循环结构更具可读性，总是用缩进方式书写判定结构或循环的正文部分。

在一个判定结构中又包含另一个判定结构，构成判定结构嵌套。

【例 3.2.4】　对例 3.2.2 进行修改，使其在给出优、良、中、及格和不及格 5 种等级的成绩评定前，首先判断分数是否为 0～100 范围内的有效数值型数据。

程序代码如下：

```
Private Sub Command1_Click()
    Dim score As Single
    score = Val(InputBox("请输入学生成绩：", "成绩输入框"))
    '判断分数是否在0～100范围内
        If score >= 0 And score <= 100 Then
            If score < 60 Then
                Label5.Caption = "不及格"
            ElseIf score < 70 Then
                Label5.Caption = "及格"
            ElseIf score < 80 Then
```

```
                    Label5.Caption = "中"
                ElseIf score < 90 Then
                    Label5.Caption = "良"
                Else
                    Label5.Caption = "优"
                End If
            Else
                Label5.Caption = "输入有误!"   '显示错误信息
        End If
End Sub
```

注意:

(1)使用判定嵌套时,一定要将一个完整的判定结构嵌套在另一个判定结构的 If 块、ElseIf 块或 Else 块内部。

(2)在嵌套的 If 语句中, End If 语句自动与最靠近的前一个 If 语句配对。

想想议议:

(1)在什么情况下使用选择结构?

(2)双分支选择结构和多分支选择结构的语句格式和执行过程有什么不同?

3.2.3 条件函数

VB 提供的 Iif 函数和 Choose 函数可以代替 If 语句和 Select Case 语句。

1. Iif 函数

其语法格式如下:

IIf(表达式, 条件为真时的值, 条件为假时的值)

作用: 当表达式为真时取第一个值, 否则取第二个值。

【例 3.2.5】 使用 Iif($x>y$, x, y) 可以求出 x 和 y 中的较大数。

使用 Iif 函数修改为下面的代码:

```
Private Sub Command1_Click()
    Dim score As Single
    score = Val(Text1.Text)
    Label1.Caption = IIf(score >= 60,"及格","不及格")
End Sub
```

2. Choose 函数

其语法格式如下:

Choose(表达式, 值为1的返回值, 值为2的返回值, …, 值为n的返回值)

其中, 表达式类型为数值型, 当其值不是整数时, 系统自动取整。

作用: 如果整数表达式的值是 1, 则返回 "值为 1 的返回值"; 如果值是 2, 则返回 "值为 2 的返回值", 以此类推。如果整数表达式的值小于 1 或大于列出的选项数目, 则返回 Null。

例如:

Choose(1.5, "+", "-", "*", "/")= "+"

3.3　项目　学生成绩统计

【项目目标】

本项目实例主要任务是设计完成"成绩管理"中的"学生成绩统计"界面。在"学生成绩统计"界面中单击"输入统计"命令按钮，输入 5 名学生的成绩，显示输入的成绩并进行统计，如图 3.3.1 所示。

【项目分析】

本项目实例主要运用了流程控制结构中的循环结构来完成成绩的统计。

"学生成绩统计"窗口中包括 1 个命令按钮、8 个标签和 1 个图片框，要为这 10 个对象设置相应的属性值，并且为命令按钮编写代码来完成成绩的输入和统计，将输入的成绩显示在图片框中，将统计结果分别显示在 3 个标签中。

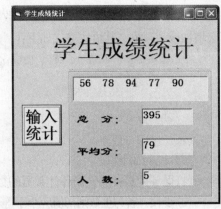

图 3.3.1　学生成绩统计窗口

【项目实现】

1. 程序界面设计

双击"工程资源管理器"中的 Form9（成绩统计）窗体，进入 Form9 的窗体设计状态，添加 1 个命令按钮、8 个标签和 1 个图片框。

2. 界面对象属性设置

参照图 3.3.1 在属性窗口中为窗体和控件设置相应的属性值。

3. 编写对象事件过程代码

在成绩统计窗口 Form9 中添加如下代码：

```
Dim score!                          '通用区定义变量，模块级变量
Private Sub Command1_Click()
Dim i%
For i = 1 To 5
    score = Val(InputBox("输入第" & i & "个学生成绩", "输入框"))
    Picture1.Print score;           '在图片框中输出学生分数
    Sum = Sum + score               '累计求总成绩
Next i
    Label6 = Sum                    '在Label6中显示总成绩
    Label7 = Sum / 5                '求平均成绩，并显示到Label7中
    Label8 = 5                      '在Label8中显示平均成绩
End Sub
```

3.3.1　循环结构

顺序结构、选择结构在程序执行时，每条语句只能执行一次，循环结构则可以使计算机在一

定条件下反复多次执行同一段程序。Visual Basic 支持的循环结构语句格式有 For…Next、While…Wend、Do…Loop 和 For Each…Next。

1. For…Next 结构

For…Next 循环使用一个用作计数器的循环变量，每重复一次循环之后，计数器变量的值就会增加或者减少，其语法格式如下：

```
For 循环变量 = 初值 To 终值 [Step 步长]
    <语句块>
    [Exit For]
    <语句块>
Next [循环变量]
```

参数说明如下。

(1)循环变量：用作循环计数器的数值变量。

(2)步长：若为正数则初值应小于等于终值；若为负数则初值应大于等于终值；默认值为 1。

(3)Exit For：作用是退出循环，执行 Next 后的下一条语句。

(4)循环次数为 $n = \mathrm{int}(\dfrac{终值 - 初值}{步长} + 1)$。

For 循环的执行过程如图 3.3.2 所示。

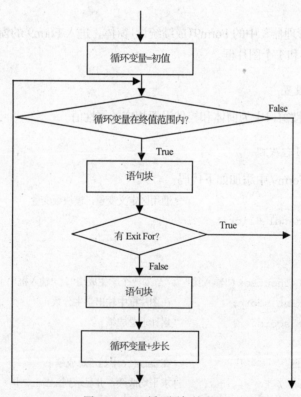

图 3.3.2　For 循环语句的流程

(1)设置循环变量等于初值，它仅被赋值一次。

(2)判断循环变量是否在终值范围内，如果是则执行循环体，否则退出循环，执行 Next 语句下面的语句。

(3)循环变量增加一个步长，重复步骤(2)~步骤(3)。

【例 3.3.1】 在输入框中输入 n 的数值，求 n!（图 3.3.3）。

程序代码如下：

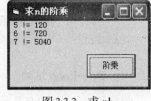

图 3.3.3 求 n!

```
Private Sub Command1_Click()
    Dim n As Integer, i As Integer, s As Integer
    n = Val(InputBox("请输入n的值"))
    s = 1
    For i = 1 To n
        s = s * i
    Next i
    Print n; "!="; s
End Sub
```

如果 n 的值为 8 执行结果如何?需要作怎样的修改?

注意：在循环体内可以对循环变量多次引用，但如果对其重新赋值，则会影响循环次数。

想想议议：

```
for i=-2.5 to 5.5 step 1.5
for i=-1 to 10 step 0
for i=8 to 1 step -1
```

以上三条循环语句的循环次数分别是多少?

2. While…Wend 结构

在知道要执行多少次循环时，最好使用 For…Next 结构；在不知道循环需要执行多少次时，宜用 While 循环和 Do 循环。

While…Wend 循环又称为当循环语句，语法格式如下：

```
While  <条件表达式>
        <循环体>
Wend
```

作用：当给定的条件表达式为 True 时，执行循环体，否则结束循环。其流程如图 3.3.4 所示。

注意：如果条件总为真，则会不停地执行循环体，构成死循环，所以在循环体中应包含对条件表达式的修改操作，使循环体能结束。

【例 3.3.2】 我国现有人口 13 亿，按人口年增长率 0.8%计算，多少年后我国人口超过 26 亿?

分析：计算公式为 $13 \times (1+0.008)^n$。

程序代码如下：

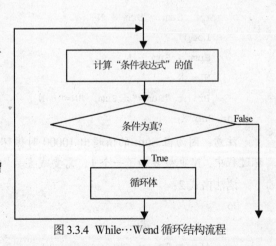

图 3.3.4 While…Wend 循环结构流程

```
Private Sub Command1_Click()
    Dim y As Integer, p As Single
    p = 13
    y = 0
    While p < 26
        p = p + p * 0.008
```

```
            y = y + 1
        Wend
        Print y; "年后我国人口超过26亿"
End Sub
```

3. Do…Loop 结构

Do…Loop 结构有几种演变形式，但每种都计算数值条件以决定是否继续执行。

语法格式 1：

```
Do While <条件表达式>
        <语句块>
        [Exit Do]
        <语句块>
Loop
```

作用：首先测试条件表达式。如果为 False，则跳过所有语句，直接执行 Loop 语句下面的语句。如果为 True，则执行循环体，然后退回到 Do While 语句再测试条件表达式。Exit Do 的作用是退出循环，执行 Loop 后的下一条语句。其流程图如图 3.3.5 所示。

【例 3.3.3】 Sum=1+2+3+…+N，求 Sum 不超过 10000 的最大整数值和数据项数 N。

程序代码如下：

```
Private Sub Form_Click()
        Dim Sum, N As Integer
        N = 0
        Sum = 0
        Do While Sum <= 10000
            N = N + 1
            Sum = Sum + N
        Loop
        Sum = Sum - N
        N = N - 1
        Print "Sum="; Sum, "N="; N
End Sub
```

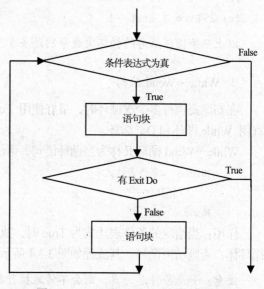

图 3.3.5　Do while…Loop 循环语句的流程

注意：因为当 Sum 的值超出 10000 时循环才终止，所以 Sum 要减去多加的一个 N；而在循环过程中，N 也被多加了一个 1，需要减去。

语法格式 2：

```
Do
        <语句块>
        [Exit Do]
        <语句块>
Loop While <条件表达式>
```

作用：先执行语句，再测试条件表达式，这种形式保证循环体至少执行一次。

语法格式 3：

```
Do Until <条件表达式>
```

```
        <语句块>

        [Exit Do]

        <语句块>

  Loop
```

注意：关键字 While 是当条件为真时执行循环体，Until 则正好相反，是当条件为假时执行循环体。

语法格式 4：

```
  Do

        <语句块>

        [Exit Do]

        <语句块>

  Loop Until <条件表达式>
```

以上 4 种格式的区别如下。

（1）执行顺序不同： While 和 Until 在 Do 后是先判断，后执行循环体；而 While 和 Until 在 Loop 后是先执行循环体，后判断。

（2）执行次数不同：前者条件不满足，循环体可能一次也不执行，后者不论条件如何，至少执行一次。

（3）关键字 While 是当条件为真时执行循环体，Until 正好相反，是当条件为假时执行循环体。两者相互转换时只需将条件取反。

想想议议：

①在什么情况下使用循环语句？

②在未知循环次数的情况下，如何正确设置循环条件与循环变量的赋值语句才能防止出现死循环？

③几种循环语句的异同点是什么？

④总结一下常用的计算机算法。

4. Exit（从循环中退出）

作用：在满足条件的情况下，提前跳出当前本层循环。

语法格式 1：

```
  Exit For
```

退出 For 循环的方法，并且只能在 For…Next 或 For Each…Next 循环中使用。

语法格式 2：

```
  Exit Do
```

退出 Do…Loop 循环的方法，并且只能在 Do…Loop 循环中使用。

【例 3.3.4】 求出 100~200 的第一个能被 17 整除的整数。

程序代码如下：

```
Private Sub Command1_Click()

Dim I As Integer

For I = 100 To 200

    If I Mod 17 = 0 Then

        Print I

        Exit For
```

```
        End If
    Next I
End Sub
```

3.3.2 循环嵌套

在一个循环中包含另一个循环，就构成循环嵌套。

下面的嵌套结构是正确的：

```
For I = 1 To 9
    For J = 1 To 9
        For K = 1 To 9
            …
        Next K
    Next J
Next I
```

注意：

①内循环要完整地包含在外循环体内，不能交叉。

②内循环变量与外循环变量不能同名。

③内循环体的循环次数=外循环次数×内循环次数。

【例3.3.5】　在窗体上显示一个几何图形，如图3.3.6所示。

程序代码如下：

图 3.3.6　显示几何图形

```
Private Sub Form_Click()
    Dim I As Integer , j As Integer   'i、j为循环变量
    For i = 1 To 8                     'i控制行数(8行)
        Print Tab(10 - i);             '确定每行*的起始位
        For j = 1 To i                 'j 控制每行输出i个*
            Print *";
        Next j
        Print                          '换行
    Next i
End Sub
```

除了常用的几种控制结构之外，VB 中还可以使用其他控制结构，如 GoTo 语句，其语法格式如下：

```
GoTo 标号|行号
```

参数说明：标号是一个字符序列，必须以字母开头，大小写无关，且后面应有冒号；行号是一个数字序列。

作用：无条件地转移到标号或行号指定的语句。

注意：

① "标号"是一个以冒号结束的标识符，用以标明 GoTo 语句转移的位置。

② GoTo 语句可以改变程序的执行顺序，由它可以构成分支结构的循环结构。

③ GoTo 语句应与 If 语句共同使用，否则会出现死循环。

④ 为了保证程序有良好的可读性，结构化程序中要求尽量少用或不用 GoTo 语句，而用选择结构或循环结构代替。

3.4 项目 学生成绩统计分析

【项目目标】

本项目实例主要任务是设计完成"学生成绩统计分析"界面。在"学生成绩统计分析"界面中单击"输入成绩"按钮，输入 6 名学生的成绩并且分段统计各个分数段的人数，包括高于平均分和低于平均分的人数，如图 3.4.1 所示。

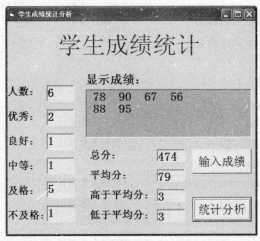

图 3.4.1 "学生成绩统计分析"窗口

【项目分析】

本项目实例主要运用了 VB 中的数组来完成学生成绩的统计分析。

成绩统计分析窗口中包括 2 个命令按钮、22 个标签和 1 个图片框，要为这 25 个对象设置相应的属性值，并且为命令按钮编写代码来完成成绩的输入和成绩统计分析，并输出原始数据和统计分析结果。

【项目实现】

1. 程序界面设计

双击"工程资源管理器"中的 Form10（统计分析）窗体，进入 Form10 的窗体设计状态，添加22 个标签、2 个命令按钮和 1 个图片框。

2. 界面对象属性设置

参照图 3.4.1 在属性窗口中为窗体和控件设置相应的属性值。

3. 编写对象事件过程代码

在成绩统计分析窗口 Form10 中添加如下代码：

```
Dim score!(6)                              '通用区定义变量，模块级变量
Private Sub Command1_Click()      '"输入成绩"命令按钮事件
Dim i%
    For i = 1 To 6
        score(i) = Val(InputBox("输入第" & i & "个学生成绩", "输入框"))
        If score(i) < 0 Or score(i) > 100 Then        '判断输入的分数是否有效
```

```vb
                MsgBox "成绩输入无效,请重新输入", , "消息框"
                i = i - 1                    '分数无效时，重新输入本次循环的分数
            Else
                Picture1.Print score(i);               '分数显示到图片框中
                If i = 4 Then Picture1.Print           '输入4个成绩后换行
            End If
        Next i
End Sub
Private Sub Command2_Click()                  '"统计分析"命令按钮事件
Dim i%, n%, you%, lh%, zd%, jg%, bjg%, pjf!, zf!, g_pj%, d_pj%'定义变量
    For i = 1 To 6
        Select Case score(i)
            Case Is >= 90
                you = you + 1          '优秀人数累计
                jg = jg + 1            '及格人数累计
            Case Is >= 80
                lh = lh + 1            '良好人数累计
                jg = jg + 1            '及格人数累计
            Case Is >= 70
                zd = zd + 1            '中等人数累计
                jg = jg + 1            '及格人数累计
            Case Is >= 60
                jg = jg + 1            '及格人数累计
            Case Else
                bjg = bjg + 1          '不及格人数累计
            End Select
            zf = zf + score(i)         '总分累计
    Next i
    pjf = zf / 6                       '计算平均分
    Label12 = 6
    Label13 = you
    Label14 = lh
    Label15 = zd
    Label16 = jg
    Label17 = bjg
    Label18 = pjf
    Label19 = zf
    For i = 1 To 6
        If score(i) >= pjf Then g_pj = g_pj + 1         '高于平均分的人数累计
        If score(i) < pjf Then d_pj = d_pj + 1          '低于平均分的人数累计
    Next
    Label20 = g_pj
    Label21 = d_pj
End Sub
```

3.4.1 数组

在解决实际问题时，常常会遇到处理相同类型的大量数据的情况。例如，要处理 100 个学生的成绩，若用简单变量表示，则必须使用 100 个变量，可以命名为 Score1、Score2、Score3、…、Score100，这样处理起来非常烦琐，这时就可以用数组来解决。

在 VB 中，把一组具有同一个名字、不同下标的变量称为数组。数组不是一种数据类型，而是一组具有相同类型的变量的集合，数组中的每个元素用索引（也称为下标）来识别。数组元素的一般形式如下：

数组名(下标1[,下标2…])

一个数组可以有若干下标，下标用来指出某一数组元素在数组中的位置。例如，Score(i)表示 Score 数组中的第 i 个元素，其下标为 i。

在 Visual Basic 中有两种类型的数组，即固定大小的数组和动态数组。固定大小的数组的元素个数定义之后保持不变，动态数组的大小在其运行时可以改变。根据数组索引个数的不同，数组可分为一维数组和多维数组。

1. 一维数组

声明一维数组的语法格式如下：

```
Public|Private|Dim|Static 数组名(下标) [As 类型]
```

参数说明如下。

Public|Private|Dim|Static: 决定数组的作用范围。

下标：[下界 To] 上界，下界可取-32768～32768，省略为 0；上界不得超过 Long 数据类型的范围，且数组的上界值不得小于下界值。

数组名：应是合法的变量名，数据类型与变量的相同。

可同时声明几个数组，用英文逗号分隔，如 Dim A%(10 To 100),B(800) As Long。数组下标下界默认值为零，如 Dim Data (40) as long。可用 Option Base n 设定数组的默认下界，但 n 的取值只能是 0 或 1。

设定方法：在代码窗口的通用声明段或标准模块中输入 Option Base 0 或 Option Base 1。

定义数组时可以使用类型符指明数组的类型，如 Dim Data%(1 To 40)。

语句 Dim Score (1 To 100) As Single 声明了数组 Score 是一维单精度型数组，有 100 个元素，下标范围是 1~100。

注意：

(1)声明数组仅仅表示在内存分配了一块连续的区域。在对其处理时，一般都是针对数组元素进行的。上面定义的数组 Score 的内存分配如图 3.4.2 所示，占用了 100 个单精度型空间。

Score(1)	Score(2)	Score(3)	…	Score(99)	Score(100)

图 3.4.2　Score 数组内存分配

(2)数组的下标的下界与上界不能是变量，只能是常量或算术表达式,也可以是一个数组元素。例如，下列数组声明是错误的：

```
n = 100
Dim Score (1 To n) As Single
```

(3)如果数组的下标是小数则自动按四舍五入取整，如 Data(3.4)=3，Data(3.5)=4。

想想议议：数组元素的个数是指数组的大小，如何计算？

2. 多维数组

实际应用中有些数据间的关系常常用二维数组或三维数组来描述，此时要用到多维数组。例如，要表示计算机屏幕上的每一个像素，需要引用它的 X、Y 坐标值，这时应该用二维数组存储值。

多维数组的声明语法格式如下：

`Public|Private|Dim|Static 数组名(下标1[,下标2…]) [As 类型]`

参数说明如下。

(1) 下标个数决定了数组的维数，在 VB 中维数最多可达 60 维。

(2) 数组的大小为每一维大小的乘积。

例如，下面的语句声明了一个 4×5 的整型二维数组：

`Dim MatrixA (3,4) As Integer`

二维数组 MatrixA 被分配 4×5=20 个整型的空间，如图 3.4.3 所示。

MatrixA (0,0)	MatrixA (0,1)	MatrixA (0,2)	MatrixA (0,3)	MatrixA (0,4)
MatrixA (1,0)	MatrixA (1,1)	MatrixA (1,2)	MatrixA (1,3)	MatrixA (1,4)
MatrixA (2,0)	MatrixA (2,1)	MatrixA (2,2)	MatrixA (2,3)	MatrixA (2,4)
MatrixA (3,0)	MatrixA (3,1)	MatrixA (3,2)	MatrixA (3,3)	MatrixA (3,4)

图 3.4.3 数组 MatrixA 的内存分配

也可用显式下界来声明两个维数或两个维数中的任何一个，例如：

`Static MatrixA (1 To 4,1 To 5) As Integer`

又如，下面的语句声明了一个三维数组，大小为 4×10×15，元素总数为三个维数的乘积 600：

`Dim MultiD (3,1 To 10,1 To 15)`

注意：

(1) 在增加数组的维数时，数组所占的存储空间会大幅度增加，所以要慎用多维数组。使用万能型数组时更要格外小心，因为它们需要更大的存储空间。

(2) 声明数组时省略下界默认为 0。

(3) VB 提供了两个返回数组中指定维的下界和上界的函数：

`LBound(数组[，维])`

`UBound(数组[，维])`

例如，定义如下数组：

`Dim MultiD(3,1 To 10,1 To 15) As Integer`

则 LBound(MultiD,1)=0，UBound(MultiD,3)=15，即返回第 1 维的下界为 0，第 3 维的上界为 15。

3. 访问数组中的元素

访问数组中的元素通过给定一组索引值来实现，其语法格式如下：

数组名(数组元素的索引值)

例如：

`Dim A(3) As Integer`

其中，$A(2)$ 表示 A 数组的第 3 个元素，$A(3)$ 表示 A 数组的第 4 个元素。

注意：

① 数组元素的索引值不能超过数组的上界。

② 下列两行语句中的 $A(3)$ 的意义是不同的：

```
Dim A(3) As Integer
A(3)=10
```

第 1 条语句的意义是声明了 A 数组，有 4 个元素；第二条语句的意义是给 $A(3)$ 这个索引值为 3 的数组元素赋值。

想想议议：下面的语句错在哪里？

```
Dim A(2) As Integer
A(3)=10
```

4. 声明动态数组

动态数组可以在任何时候改变大小。在 Visual Basic 中，动态数组最灵活，使用最方便，有助于有效地管理内存。

1) 创建动态数组

创建动态数组经过以下两步来实现。

①声明一个空维数的数组，其语法格式如下：

```
Dim 数组名() As 类型
```

②用 ReDim 语句分配实际的元素个数，其语法格式如下：

```
ReDim 数组名(下标)
```

注意：

①ReDim 语句只能出现在过程中，且可多次使用来改变数组的维数和大小，但不能改变数据类型，即要与数组类型一致。

②ReDim 语句中的下标可以是常量，也可以是有确定值的变量。例如：

```
n=3:Redim a(n)
```

2) 保留动态数组的内容

每次执行 ReDim 语句时，当前存储在数组中的值都会全部丢失。当希望改变数组大小又不丢失数组中的数据时，使用具有 Preserve 关键字的 ReDim 语句可达到此目的，其语法格式如下：

```
ReDim [Preserve] 数组名(下标)
```

例如：

```
ReDim Preserve DynArray (UBound (DynArray) + 1)
```

注意：使用 Preserve 关键字只能改变多维数组中最后一维的上界。

下列语句是正确的：

```
ReDim Preserve Matrix (10, UBound (Matrix,2) + 1)
```

而下列语句是错误的：

```
ReDim Preserve Matrix (UBound (Matrix,1) + 1,10)
```

想想议议：动态数组与静态数组的区别有哪些？

5. 数组的基本操作

对数组进行操作时，常常将数组元素的下标和循环语句结合使用。以下操作中均针对如下定义的数组和变量进行：

```
Dim a( 1 To 10) As Integer,b (3,4) As Single,i%,j%,t%
```

1) 给数组元素赋初值

（1）利用循环结构。例如：

```
For i = 1 To 10
    a(i) = 0
Next i
```

（2）利用 Array 函数对数组各元素赋值，声明的数组应是动态数组且类型只能是万能型，没有作为数组声明的变量也可以表示数组。例如：

```
Dim x(),s()              '定义为Dim x, s也可以
x = Array(1,2,3,4,5)
s = Array("ab","cd","ef")
For i = 0 To UBound(x)
    Print x(i); " ";
Next i
For i = 0 To UBound(s)
    Print s(i); " ";
Next i
```

2) 数组的输入

通常使用文本框和 InputBox 函数输入数组。例如：

```
For i = 1 To 10
    a(i) = Val(InputBox("输入数组a的值:"))
Next i
```

又如：

```
For i = 0 To 3
    For j = 0 To 4
        b(i,j) = CSng(InputBox("输入数组b的值:"))
    Next j
Next i
```

3) 数组对数组的赋值

例如：

```
Dim x(),s()
x = Array(1,2,3,4,5)
s = x          '将x数组中的值一一对应地赋给s数组
For i = 0 To UBound(s)
    Print s(i); " ";
Next i
```

注意：数组给数组赋值时，要求赋值号左边一定是一个动态数组，且赋值号两边的数据类型必须一致。

4) 数组的输出

例如：

```
For i = 0 To 3
    For j = 0 To 4
        Print b(i,j); " ";
    Next j
```

```
        Print
    Next i
```

注意：本例中内循环外的 Print 语句的作用非常重要，它起到换行的作用，使得输出更美观。

5）For Each…Next 结构

For Each…Next 循环结构与 For…Next 循环结构类似，但它对数组或对象集合中的每一个元素重复一组语句，而不是重复一定的次数。如果不知道一个集合有多少元素，则 For Each…Next 循环非常有用。其语法格式如下：

```
For Each 元素 In 数组
    <语句块>
    [Exit For]
Next 元素
```

参数说明如下。

(1)元素：循环控制变量，只能是万能型。

(2)数组：只需用一个数组名，不要带下界和上界。

注意：For Each…Next 不能与用户自定义类型的数组一起使用，因为 Variant 不可能包含用户自定义类型。

例如：

```
Dim a(3) As Integer,i As Integer,x        '定义x为万能型
For i = 0 To 3
    a(i) = i
Next i
For Each x In a
    Print x
Next x
```

3.4.2 自定义数据类型

1. 自定义数据类型的定义

VB 不仅具有丰富的标准的数据类型，还提供了用户自定义的数据类型，它由若干标准数据类型组成。其语法格式如下：

```
Type 自定义类型名
    元素名[(下标)] As 类型名
    …
    元素名[(下标)] As 类型名
End Type
```

参数说明如下。

(1)元素名[(下标)]：表示自定义类型中的一个成员，带有下标则表示该成员是数组。

(2)类型名：指标准类型。

例如，以下定义了一个有关学生信息的自定义数据类型 StuType：

```
Type StuType
    no As Integer                         '学号
    name As String*10                     '姓名
```

```
        sex As Boolean                              '性别
        score(1 to 3) As Single                     '3门课程成绩
        aver As Single                              '总成绩
End Type
```

注意：

①自定义数据类型一般在标准模块(.bas)中定义，默认是 Public 型；若在窗体模块中定义，则必须是 Private 型。

②自定义数据类型与数组的不同：前者的元素代表不同性质、不同类型的数据，以元素名表示不同的元素；后者的元素是同性质同类型的，以下标表示不同的元素。

2. 自定义类型的使用

定义好类型后就可以声明并使用了。

(1)自定义类型的声明，其语法格式如下：

Dim 变量名 As 自定义类型名

(2)自定义类型的引用，其语法格式如下：

变量名.元素名

例如：

Dim student As StuType

Student.name = "王红"

3.5 项目 小助手——组队方法

【项目目标】

本项目实例主要任务是设计完成"小助手"中的"组队方法"界面。设计一个组队方法的小工具软件，设本班有 n 名学生，要选派 m 名学生组成学习团队，计算有多少种选派方法，实现界面如图 3.5.1 所示。

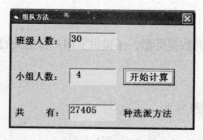

图 3.5.1 组队方法

【项目分析】

本项目实例属于计算组合数的问题，可以利用如下组合数公式进行计算：

$$C_n^m = \frac{n!}{m!(n-m)}$$

在组合公式中，三次用到了求阶乘，其算法相同。对于算法相同的程序段，可以作为过程独立编写，在程序中使用这一算法时，只需调用这个过程。

【项目实现】

1. 程序界面设计

双击"工程资源管理器"中的 Form12(组队方法)窗体,进入 Form12 的窗体设计状态,添加 5 个标签、1 个命令按钮和 2 个文本框。

2. 界面对象属性设置

参照图 3.5.1 在属性窗口中为窗体和控件设置相应的属性值。

3. 编写对象事件过程代码

在成绩汇总窗口 Form12 中添加如下代码:

```
Private Sub Command1_Click()          '"开始计算"命令按钮事件
    Dim m As Integer, n As Integer, c As Double
    n = Val(Text1.Text)
    m = Val(Text2.Text)
    c = fac(n) / (fac(m) * fac(n - m))
    Label4.Caption = c
End Sub
Public Function fac(n As Integer) As Double     '"计算组合数"函数过程
    Dim i As Integer, t As Double
    t = 1
    For i = 1 To n
        t = t * i
    Next i
    fac = t          '将计算阶乘的结果赋值给函数名
End Function
```

3.5.1 过程

一个程序由若干模块组成,而每个模块又由更小的程序代码段组成,这些组成模块的代码称为过程。通过过程可以将整个程序按功能进行分块,每个过程完成一项特定的功能。使用过程来组织代码,不仅使得程序结构更清晰,而且便于查找和修改代码。

在 Visual Basic 中共有 4 种过程:事件过程、属性过程、函数过程和子过程。

1. 事件过程

每个对象的每个动作都对应一个事件过程,通过在事件过程中编写代码可以指定事件发生时完成什么样的操作。事件过程名为"对象名_动作",通过事件过程名在对象和代码之间建立联系,事件过程是在事件发生时自动执行的,其语法格式如下:

```
Private Sub 对象名_事件名 ([参数列表])
    <语句块>
End Sub
```

参数说明如下。

(1)对象名:对象可以是窗体或控件。

(2)参数列表：一个或多个与事件对应的参数，多个参数间用逗号分隔。

例如，下面的事件过程中对象名是 Command1，动作是 Click。当单击命令按钮时在窗体上以 (1200,1200) 为圆心，画一个半径为 1000 的圆。程序代码如下：

```
Private Sub Command1_Click()
    Form1.Circle (1200,1200),1000
End Sub
```

注意：事件过程中的对象名应该与对应对象名保持一致，尤其要注意已经为对象编写代码后再更改对象的 Name 属性将导致名字不符的情况，这时会出现"要求对象"的错误提示。

2. 属性过程

属性是一种特殊的变量，它不仅可以存储数据，还可以通过属性过程来完成特定的操作。在对它进行赋值操作或读取它存储的数据时，首先要经过属性过程的处理。标准控件具有特定的属性，如 CommandButton 控件具有 Caption 属性，当为其赋值时，所赋值的内容便可在命令按钮上显示，这项功能就是在属性过程中完成的。属性过程代码封装在控件对象中，对用户是透明的，需要时直接使用即可。当用户要创建自己的类和对象，或者要为某一控件对象添加自定义的属性时，将用到属性过程。

对应于属性的读写操作，属性过程分为 3 种：Property Get 过程用来处理从属性中读取数据的操作；Property Let 过程和 Property Set 过程处理是对属性赋值的操作，其中 Property Let 过程用于一般类型的属性，Property Set 过程用于对象类型的属性。

3. 函数过程

Visual Basic 的函数分为内部函数和用户自定义函数两种。内部函数即 Visual Basic 系统提供的标准函数，如 Sqr、Cos 或 Chr 等。当用户需要时，可以通过引用固定的函数名使用。用户自定义函数，即根据用户的需要，由用户自己编制的函数，也称为函数过程。

1）定义函数过程

定义函数过程有如下两种方法。

(1)利用"工具"菜单。打开"工具"菜单，选择"添加过程"选项，在打开的"添加过程"对话框中输入过程名称，设置类型和范围即可。

(2)在代码编辑器中的"通用"声明段中直接定义。

定义函数过程的语法格式如下：

```
[Private|Public][Static]Function 函数过程名 ([形参列表]) [As 类型]
局部变量或常数定义  ┐
<语句块>           │
函数名=返回值       │
[Exit Function]    ├ 函数过程体
<语句块>           │
函数名=返回值       ┘
End Function
```

参数说明如下。

①形参列表：[ByVal]变量名[()][As 类型][,[ByVal]变量名[()][As 类型]…]，形参只能是变量或数组名，带 ByVal 表示参数是值传递方式，默认是地址传递方式。

②在函数过程体内至少对函数名赋值一次，这一点初学者一定要注意。

③Exit Function：退出函数过程。

2)调用函数过程

其语法格式如下：

函数过程名([实参列表])

参数说明如下。

(1)实参列表：必须与形参个数相同，位置和类型一一对应，实参可以是同类型的常数、变量、数组元素和表达式。

(2)调用时把实参的值传递给形参称为参数传递。其中值传递(带 ByVal)时实参的值不随形参值的变化而变化，而地址传递时实参的值随形参值的变化而变化。

(3)形参和实参是数组时，在参数声明时应省略其维数，但括号不能省。

4. 子过程

子过程又称为通用过程，是为完成某一项指定的任务而编制的过程。编制了子程序后，必须由应用程序来调用它，子程序才能发挥其应有的作用。

建立子过程的好处是可以减少重复代码的书写，使应用程序容易维护。

1) 定义子过程

定义子过程的语法格式如下：

```
[Private|Public][Static]Sub 子过程名 (形参列表)
局部变量或常数定义
  <语句块>
[Exit Sub]
<语句块>
End Sub
```

（局部变量或常数定义、<语句块>、[Exit Sub]、<语句块> 合称为**子过程体**）

参数说明： Exit Sub 表示退出子过程。

2)调用子过程

调用子过程有两种方法。

语法格式1：

```
Call 子过程名 ([实参列表])
```

语法格式2：

```
子过程名 [实参列表]
```

注意：当使用 Call 语法时，参数必须在括号内。若省略 Call 关键字，则必须省略参数两边的括号。

【例3.5.1】 编写子过程 Average，用来求任意两个实数的平均值，然后调用它计算任意两个数的平均值。

在窗体上放置3个标签控件(Label1、Label2、Label3)、3个文本框控件(Text1、Text2、Text3)和1个命令按钮(Command1)。

应用程序窗体界面如图3.5.2所示。

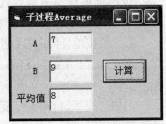

图3.5.2 应用程序界面

程序代码如下：

```
'定义子过程
Public Sub Average(a As Single, b As Single, c As Single)
```

```
        c = (a + b) * 0.5
End Sub
Private Sub Command1_Click()
    Dim c As Single
    '调用子过程
    Call Average(CSng(Text1.Text), CSng(Text2.Text), c)
    Label1.Caption = CStr(c)
End Sub
```

说明：本例是使用下列语句调用 Average 过程的：

```
Call Average(CSng(Text1.Text), CSng(Text2.Text),c)
```

类似地，使用下列语句也能达到同样的目的：

```
Average  CSng(Text1.Text),CSng(Text2.Text),c
```

建立子过程和函数过程的好处是可以减少重复代码的书写，使应用程序容易维护。

子过程与函数过程的区别如下。

(1)定义语法不同，使用不同的关键字进行定义。

(2)调用方法不同，函数过程可在赋值语句中调用，子过程则不可以。

(3)函数过程可以通过过程名返回值，子过程名则不能，只能由参数带回。当过程有一个返回值时，函数过程直观；当过程有多个返回值时，宜用子过程。由此可见，子过程比函数过程适用范围更广。

想想议议：在同一模块、不同过程中声明的相同变量名，两者是否表示同一个变量？二者有没有联系？

3.5.2 参数传递

过程中的代码通常需要某些关于程序状态的信息才能完成它的工作，信息包括在调用过程时传递到过程内的变量。当将变量传递到过程时，称变量为参数。

1）参数的数据类型

过程的参数被默认为具有 Variant 数据类型。然而，也可以声明参数为其他数据类型。例如，下面的通用过程接受三个单精度实数：

```
Private Sub Average(a As Single,b As Single,c As Single)
    c = (a + b) * 0.5
End Sub
```

2）按地址传递参数

按地址传递参数时，过程用变量的内存地址访问实际变量的内容，所以将变量传递给过程时，通过过程可永远改变变量值。在 Visual Basic 中，默认是按地址传递参数的。

如果给按地址传递参数指定数据类型，就必须将这种类型的值传给参数。可以给参数传递一个表达式，而不是数据类型。Visual Basic 计算表达式时，如果可能，还会按要求的类型将值传递给参数。

例如，编写如下代码，运行程序，结果如图 3.5.3 所示。

程序代码如下：

```
Private Sub Test(I As Integer)
    I = I + 1
End Sub
```

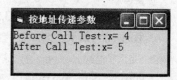

图 3.5.3 按地址传递参数

```
Private Sub Form_Click()
    Dim x As Integer
    x = 4
    Print "Before Call Test:x=";x
    Call Test(x)
    Print "After Call Test:x=";x
End Sub
```

3) 按值传递参数

在形参前使用 ByVal 关键字表示按值传递参数，这时传递的只是变量的副本。如果过程改变了这个值，则所作变动只影响副本而不会影响变量本身。

例如，运行下面的程序，结果如图 3.5.4 所示。

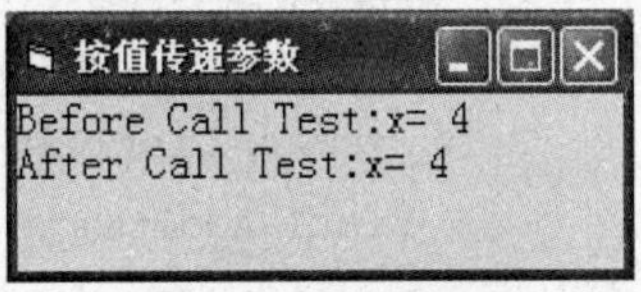

程序代码如下：

```
Private Sub Test(ByVal I As Integer)
    I = I + 1
End Sub
Private Sub Form_Click()
    Dim x As Integer
    x = 4
    Print "Before Call Test:x=";x
    Call Test(x)
    Print "After Call Test:x=";x
End Sub
```

图 3.5.4 按值传递参数

4) 使用可选的参数

（1）可选参数。在过程的参数列表中列入 Optional 关键字，就可以指定过程的参数为可选的。

注意：如果指定了可选参数，则参数表中此参数后面的其他参数也必是可选的，并且要用 Optional 关键字来声明。

例如，以下这段代码提供所有可选参数：

```
Dim strName As String, varAddress As Variant
Private Sub ListText(Optional x As String, Optional y As Variant)
    List1.AddItem x
    List1.AddItem y
End Sub
Private Sub Command1_Click()
    strName = "yourname"
    varAddress = 12345       '提供了两个参数
    Call ListText(strName, varAddress)
End Sub
```

又如，下面的代码并未提供全部参数：

```
Private Sub ListText(x As String, Optional y As Variant)
    List1.AddItem x
    If Not IsMissing(y) Then
        List1.AddItem y
```

```
        End If
    End Sub
    Private Sub Command1_Click()
        Dim strname As String
        strName = "yourname"
        Call ListText(strName)        '未提供第二个参数，只添加yourname
    End Sub
```

在未提供某个可选参数时，实际上将该参数作为具有 Empty 值的变体来赋值。本例说明如何用 IsMissing 函数测试丢失的可选参数。

（2）可选参数的默认值。也可以给可选参数指定默认值，如果未将可选参数传递到函数过程，则使用可选参数的默认值。例如：

```
'给可选参数指定默认值12345
Private Sub ListText(x As String,Optional y As Variant = 12345)
    List1.AddItem x
    List1.AddItem y
End Sub
Private Sub Command1_Click ()
    Dim strname As String
    strName = "yourname"          '未提供第二个参数
    Call ListText(strName)        '添加"yourname"和"12345"
End Sub
```

5) 不定个数参数

一般来说，过程调用中的参数个数应等于过程说明的参数个数。可用 ParamArray 关键字指明参数个数，过程将接受任意个数的参数。

例如：编写计算总和的 Sum 函数的程序代码如下：

```
Dim x As Variant, y As Integer, intsum As Integer
Private Function Sum(ParamArray intsum())
For Each x In intsum
    y = y + x
Next x
    Sum = y
End Function
Private Sub Command1_Click()
    intsum = Sum(1,3,5,7,8)
    List1.AddItem intsum
End Sub
```

运行后列表框中添加的内容是 24。

说明：

（1）ParamArray 只用于形参列表中的最后一个参数,指明最后这个参数是一个 Variant 元素的 Optional 数组。

（2）使用 ParamArray 关键字可以提供任意个数的参数。

（3）ParamArray 关键字不能与 ByVal、ByRef 或 Optional 一起使用。

因为大部分高级语言诞生于西方，所以这些语言的语句格式中使用的标点符号一定是英文标点符号，当然作为字符串中的内容，可以使用其他标点符号。语言中的对象的属性、方法、命令等术语本质是英文，学习时结合英文本意来学习和理解会大大提高学习效率。

3.6 常用算法设计和算法分析

掌握一些常用算法的设计策略，有助于进行问题求解时快速找到有效的算法。

3.6.1 常用算法设计

1. 交换变量的值

【例 3.6.1】 输入两个变量 x 和 y，交换两者的值，运行结果如图 3.6.1 所示。

基本思想：在程序设计时，交换两个变量的值通常采用的方法是定义一个新的第三方变量，借助该变量完成交换。

程序代码如下：

```
Private Sub Command1_Click()
    Dim x As Single, y As Single
    x = Val(InputBox("请输入"))
    y = Val(InputBox("请输入"))
    Print "交换前的值:"; x & "," & y
    t = x
    x = y
    y = t
    Print "交换后的值:"; x & "," & y
End Sub
```

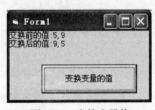

图 3.6.1 变换变量值

2. 数列问题(累加、连乘)

【例 3.6.2】 求 $1 \sim 200$ 中 5 的倍数或 7 的倍数的和(积)。

基本思想：在程序设计时，累加、连乘算法通常用循环结构实现。累加是在原有和的基础上一次一次地每次加 1 个数；连乘则是在原有积的基础上一次一次地每次乘以一个数。

程序代码如下：

```
Private Sub Command1_Click()
    Dim s As Single, i As Integer
    s = 0                      '若求连乘积的数列问题，则改为s=1
    For i = 1 To 100
        If i Mod 5 = 0 Or i Mod 7 = 0 Then
            s = s + i          '若求连乘积的数列问题，则改为s=s * i
        End If
    Next i
    Print s
```

```
End Sub
```

3. 最值问题

【例3.6.3】 输入 n 个数到数组中，输出其中最小的数。

基本思想：在若干数中求最小值，一般先取第一个数为最小值的初值（假设第一个数为最小值），然后在循环体内将每一个数与最小值比较，若该数小于最小值，则将该数替换为最小值，直到循环结束。求最大值的方法类同。

程序代码如下：

```
Private Sub Command1_Click()
    Dim x() As Integer, i%, j%, n%, min%
    n = Val(InputBox("输入总个数:", "输入框"))
    ReDim x(n)
    For i = 1 To n
        x(i) = Val(InputBox("输入一个数:", "输入框"))
    Next
     min = x(1)
    For j = 2 To n
        If x(j) < min Then min = x(j)
    Next
    Print "最小值: " & min
End Sub
```

4. 数组中元素的插入和删除

【例3.6.4】 有序数组中元素的插入。设数组 $a(1\ To\ 9)$ 为有序数组，要将一个数 10 插入该数组中，使插入后的数组仍有序（注意此时数组元素个数加 1），界面如图 3.6.2 所示。

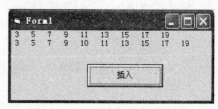

基本思想：首先查找插入的位置 $k(1 \le k \le n-1)$，然后从 $n-1$ 到 k 逐一往后移动一个位置，将第 k 个元素的位置腾出，最后将数据插入，数组元素个数加 1。

图 3.6.2 有序数组中元素的插入

程序代码如下：

```
Private Sub Command1_Click()
    '声明数组时要比实际元素个数多1个
    Dim a%(1 To 10), i%, k%
    '生成有序数组并在窗体上显示
    For i = 1 To 9
        a(i) = 2 * i + 1
        Print a(i); " ";
     Next i
    '查找要插入的数10的位置k
    For k = 1 To 9
        If 10 < a(k) Then Exit For
```

```
    Next k
    '从最后元素开始往后移，腾出位置
    For i = 9 To k Step -1
        a(i + 1) = a(i)
    Next i
    a(k) = 10
    '打印插入后的结果，注意i的终值为9+1=10
    Print
    For i = 1 To 10
        Print a(i); " ";
    Next i
End Sub
```

【例3.6.5】 有序数组中元素的删除。设数组 a(1 To 9)为有序数组，要将 13 从该数组中删除，使删除后的数组仍有序(注意此时数组元素个数减 1)，运行结果如图 3.6.3 所示。

基本思想：首先查找删除元素的位置 k，然后从 $k+1$ 到 n 逐一向前移动一个位置，最后将数组元素个数减 1。

程序代码如下：

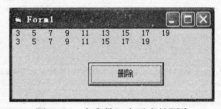

图 3.6.3 有序数组中元素的删除

```
Private Sub Command1_Click()
    Dim a%(1 To 9), i%, k%
    For i = 1 To 9
        a(i) = 2 * i + 1
        Print a(i); " ";
    Next i
    '查找要删除的数13的位置k
    For k = 1 To 9
        If 13 = a(k) Then Exit For
    Next k
    '从k+1到9逐一向前移动一个位置
    For i = k + 1 To 9
        a(i - 1) = a(i)
    Next i
    '打印删除后的结果，注意i的终值为9-1=8
    Print
    For i = 1 To 8
        Print a(i); " ";
    Next i
End Sub
```

5. 查找

1)顺序查找法

【例 3.6.6】 使用顺序查找法在数组中查找指定的元素 k。

基本思想：顺序查找是将要查找的关键值与数组中的元素逐一比较，若相同，则查找成功，否则查找失败。

程序代码如下：

```
Private Sub Command1_Click()
    Dim a(), k, n%
    a = Array(1, 3, 5, 2, 4)
    k = Val(InputBox("输入要查找的关键值:"))
    Call search(a, k, n)
    If n = -1 Then
        Print "没找到。"
    Else
        Print "要查找关键值"; k; "在数组中是第"; n + 1; "个元素。"
    End If
End Sub
Private Sub search(x(), ByVal key, index%)
    Dim i%
    For i = LBound(x) To UBound(x)
        If key = x(i) Then    '找到后将元素下标保存在index中，结束查找
            index = i
        Exit Sub
        End If
    Next i
        index = -1            '没找到，index值为-1
End Sub
```

2) 二分查找法

【例 3.6.7】 使用二分查找法在数组中查找指定的元素 k。

注意： 使用二分查找法的前提是数组必须有序。

基本思想：将要找的关键值与数组的中间项元素比较，若相同则查找成功，结束查找，否则判断关键值落在数组的哪半部分，然后保留一半，舍弃一半。重复这一过程，直到查找到或数组中没有此关键值为止。

查找子过程用递归调用来实现，每次调用使查找区间缩小一半。终止条件是查找到或查找区间无此元素。

程序代码如下：

```
Private Sub Command1_Click()
    Dim a(), n%
    a = Array(1, 3, 5, 7, 9)
    k = Val(InputBox("输入要查找的关键值:"))
    Call half_ search(a, LBound(a), UBound(a), k, n)
    If n = -1 Then
        Print "没找到。"
    Else
```

```
        Print "要查找关键值"; k; "在数组中是第"; n + 1; "个元素。"
    End If
End Sub
Private Sub half_ search(x(), ByVal low%, ByVal high%, ByVal key, index%)
    Dim mid%
    mid = (low + high) \ 2
    If x(mid) = key Then
        index = mid
        Exit Sub
    ElseIf low > high Then
        index = -1
        Exit Sub
    End If
    If key < x(mid) Then
        high = mid - 1
    Else
        low = mid + 1
    End If
    Call half_ search(x, low, high, key, index)
End Sub
```

6. 排序

1)选择法

【例3.6.8】 将数组 $a(1\,\text{To}\,10)$ 升序排列，运行结果如图 3.6.4 所示。

基本思想：设置变量 p，用于存放较小者的指针，即数组元素的下标。

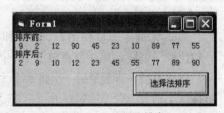

图 3.6.4　选择法排序

第 1 轮是将 $a(1)$ 与 $a(2)$ 比较，指针 p 指向 1，若 $a(1)>a(2)$，则将 p 指向 2。再将 $a(1)$ 与 $a(3)$、$a(4)$、$a(5)$、…、$a(10)$ 依次比较，并作同样的处理，进行完后 p 就指向 10 个数的最小者，然后将 $a(p)$ 和 $a(1)$ 交换。

第 2 轮是将 $a(2)$ 与 $a(3)$、$a(4)$、$a(5)$、…、$a(10)$ 依次比较，并作同样的处理，这样 p 就指向第 1 轮余下的 9 个数中的最小者，然后将 $a(p)$ 和 $a(2)$ 交换。

继续进行第 3 轮、第 4 轮、…、第 9 轮比较，余下的 $a(10)$ 自然就是 10 个数中的最大者。

至此，10 个数已按升序存放在 $a(1) \sim a(10)$ 中。

程序代码如下：

```
Private Sub Command1_Click()
    Dim a%(1 To 10), i%, j%, t%, p%      '变量p用于存放较小者的指针
    Print "排序前:"
    For i = 1 To 10
        a(i) = Val(InputBox("请输入:", "输入框"))
        Print a(i); " ";
```

```
        Next i
        For i = 1 To 9
            p = i
            For j = i + 1 To 10
                If a(p) > a(j) Then
                    p = j
                End If
            Next j
            If p <> i Then
                t = a(i): a(i) = a(p): a(p) = t
            End If
        Next i
        Print
        Print "排序后:"
        For i = 1 To 10
            Print a(i); " ";
        Next i
    End Sub
```

2) 冒泡法

【例 3.6.9】 将数组 $a(1 \text{ To } 10)$ 升序排列。

基本思想如下。

第 1 轮是将 $a(1)$ 和 $a(2)$ 比较, 若 $a(1)>a(2)$ 则交换这两个数组的值, 否则不交换; 然后用 $a(2)$ 和 $a(3)$ 比较, 处理方法相同, 以此类推, 直到 $a(9)>a(10)$ 比较后, 这时 $a(10)$ 中就存放了 10 个数中的最大数。

第 2 轮是将 $a(1)$ 和 $a(2)$、$a(2)$ 和 $a(3)$、…、$a(8)$ 和 $a(9)$ 比较, 处理方法和第 1 轮相同, 这一轮比较结束后 $a(9)$ 中就存放了 10 个数中第二大的数。

以此类推, 直至最后一次将 $a(1)$ 和 $a(2)$ 进行比较, 处理方法同上, 比较结束后, 这 10 个数就按从小到大的顺序排列好了。

区别: 选择法排序是在每一轮排序时找到最小数的下标, 在内循环外交换最小数的位置; 而冒泡法排序是在每一轮排序时将相邻的数比较, 顺序不对就交换位置, 在内循环外小数已冒出, 最大数沉底。

程序代码如下:

```
Private Sub Command1_Click()
    Dim a%(1 To 10), i%, j%, t%
    Print "排序前:"
    For i = 1 To 10
        a(i) = Val(InputBox("请输入:", "输入框"))
        Print a(i); " ";
    Next i
    For i = 1 To 9
        For j =1 To 10-i
            If a(j) > a(j+1) Then
```

```
                    t = a(j): a(j) = a(j+1): a(j+1) = t
                End If
            Next j
        Next i
        Print
        Print "排序后:"
        For i = 1 To 10
            Print a(i); " ";
        Next i
    End Sub
```

7. 枚举法

枚举法也称为穷举法、暴力破解法，其基本思想是：对于要解决的问题，列举出它的所有可能的情况，逐个判断有哪些符合问题所要求的条件，从而得到问题的解。简单说，枚举法就是按问题本身的性质，一一列举出该问题所有可能的解，并在逐一列举的过程中，检验每个可能解是否是问题的真正解，若是则采纳这个解，否则抛弃它。在列举的过程中，既不能遗漏也不应重复。

枚举法也常用于破译密码，即将密码进行逐个推算直到找出真正的密码为止。例如，一个已知是四位并且全部由数字组成的密码，其可能共有 10000 种组合，因此最多尝试 10000 次就能找到正确的密码。理论上利用这种方法可以破解任何一种密码，问题只在于如何缩短破解时间。

【例 3.6.10】 求 1~1000 中所有能被 3 整除的数。

问题分析：这类问题可以使用枚举法，从 1~1000 一一列举每个数，然后对每个数进行检验。自然语言描述的算法步骤如下。

(1) 初始化：$x=1$。

(2) x 从 1 循环到 1000。

(3) 对于每一个 x，依次对每个数进行检验：如果能被 3 整除，则打印输出，否则继续检验下一个数。

(4) 重复步骤（2）和步骤（3），直到循环结束。

【例 3.6.11】 百钱买百鸡问题。

这是中国古代《算经》中的问题：鸡翁一，值钱五；鸡母一，值钱三；鸡雏三，值钱一，百钱买百鸡，问翁、母、雏各几何？即已知公鸡 5 元/只，母鸡 3 元/只，小鸡 3 只/1 元，要用 100 元钱买 100 只鸡，问可买公鸡、母鸡、小鸡各几只？

问题分析：设公鸡为 x 只，母鸡为 y 只，小鸡为 z 只，则问题转化为一个三元一次方程组

$$\begin{cases} x+y+z=100 \\ 5x+3y+z/3=100 \end{cases}$$

这是一个不定解方程问题（三个变量，两个方程），只能将各种可能的取值代入，其中能同时满足两个方程的值就是问题的解。

由于共 100 元钱，而且这里 x、y、z 为正整数（不考虑为 0 的情况，即至少买 1 只），那么可以确定：x 的取值范围为 1~20，y 的取值范围为 1~33，z 的取值范围为 3~99。

使用枚举法求解，算法步骤如下。

(1) 初始化：$x=1$，$y=1$。

(2) x 从 1 循环到 20。

(3) 对于每一个 x，依次让 y 从 1 循环到 33。

(4)在循环中，对于上述每一个 x 和 y 值，计算 $z=100-x-y$。

(5)如果 $5x+3y+z/3=100$ 成立，就输出方程组的解。

(6)重复步骤(2)～步骤(5)，直到循环结束。

程序代码如下：

```
Private Sub Command1_Click()
    Dim x%, y%, z%
    Print "有以下几种买法:"
    Print "公鸡         母鸡           小鸡"
    For x = 0 To 100          '可改为For x = 0 To 20
        For y = 0 To 100      '可改为For y = 0 To 33,改后循环次数减少了多少?
            z = 100 - x - y
            If 5 * x + 3 * y + z/3 = 100 Then
                Print x, y, z
            End If
        Next y
    Next x
End Sub
```

8. 递推法

递推是按照一定的规律来计算序列中的每个项，通常是通过计算机前面的一些项来得出序列中的指定项的值。

递推法又称为迭代法、辗转法，是一种归纳法，其基本思想是把一个复杂而庞大的计算过程转化为简单过程的多次重复，每次重复都在旧值的基础上递推出新值，并由新值代替旧值。该算法利用了计算机运算速度快、适合做重复性操作的特点。

跟迭代法相对应的是直接法(或者称为一次解法)，即一次性解决问题。迭代法又分为精确迭代法和近似迭代法。二分法和牛顿迭代法属于近似迭代法。

【例 3.6.12】 猴子吃桃子问题。

小猴在一天摘了若干桃子，当天吃掉一半多一个；第二天接着吃了剩下的桃子的一半多一个；以后每天都吃尚存桃子的一半零一个，到第 7 天早上要吃时只剩下一个桃子了，问小猴那天共摘下多少个桃子？

问题分析：设第 $i+1$ 天剩下 x_{i+1} 个桃子。因为第 $i+1$ 天吃了 $0.5x_i+1$ 个桃子，所以第 $i+1$ 天剩下 $x_i-(0.5x_i+1)=0.5x_i-1$ 个桃子，因此得 $x_{i+1}=0.5x_i-1$。即得到本例的数学模型：$x_i=(x_{i+1}+1)\times2$，$i=6, 5, 4, 3, 2, 1$。因为从第 6 天到第 1 天，可以重复使用这种方法计算前一天的桃子数，所以这个问题适合用循环结构处理。

此问题的算法设计如下。

(1)初始化：$x=1$。

(2)从第 6 天循环到第 1 天，对于每一天，计算 $x_i=(x_{i+1}+1)\times2$，$i=6, 5, 4, 3, 2, 1$。

(3)循环结束后，x 的值即为第 1 天的桃子数。

程序代码如下：

```
Private Sub Command1_Click()
    Dim x%, n%, i%
    x = 1
```

```
        Print "第7天的桃子数为: 1只。"
        For i = 6 To 1 Step -1
            x = (x + 1) * 2
            Print "第"; i; "天的桃子数为: "; x; "只。"
        Next i
    End Sub
```

9. 递归法

递归法既是一种有效的算法设计方法, 也是一种有效的分析问题的方法。

递归法求解问题的基本思想是: 对于一个较为复杂的问题, 把原问题分解成若干相对简单且类同的子问题, 这样较为复杂的原问题就变成了相对简单的子问题; 而简单到一定程度的子问题可以直接求解; 这样, 原问题就可递推得到解。

并不是每个问题都适宜用递归法求解, 适宜用递归法求解的问题应具备几个特点: ①问题具有某种可借用的类同自身的子问题描述的性质; ②某一有限步的子问题(也称为本原问题)有直接的解存在。

递归就是在过程或函数里调用自身, 即一个过程或函数在其定义或说明中直接或间接调用自身的一种方法, 它通常把一个大型复杂的问题层层转化为一个与原问题相似的规模较小的问题来求解, **递归策略只需少量的程序就可描述出解题过程所需要的多次重复计算, 大大减少了程序的代码量**。递归的能力在于用有限的语句来定义对象的无限集合。一般来说, 递归需要有边界条件、递归前进段和递归返回段。当边界条件不满足时, 递归前进; 当边界条件满足时, 递归返回。

【例 3.6.13】 使用递归法解决 Fibonacci 数列问题。

无穷数列 1, 1, 2, 3, 5, 8, 13, 21, 34, 55, …被称为 Fibonacci 数列, 它可以递归地定义为

$$F(n) = \begin{cases} 1, & n = 0 \\ 1, & n = 1 \\ F(n-1) + F(n-2), & n > 1 \end{cases}$$

递归算法的执行过程分递推和回归两个阶段。

(1)在递推阶段, 把较复杂的问题(规模为 n)的求解递推到比原问题简单一些的问题(规模小于 n)的求解。

本例中, 求解 $F(n)$, 把它递推到求解 $F(n-1)$ 和 $F(n-2)$。也就是说, 要计算 $F(n)$, 必须先计算 $F(n-1)$ 和 $F(n-2)$, 而计算 $F(n-1)$ 和 $F(n-2)$, 又必须先计算 $F(n-3)$ 和 $F(n-4)$, 以此类推, 直至计算 $F(1)$ 和 $F(0)$, 能立即得到结果 1。在使用递归策略时, 在递推阶段, 必须有一个明确的递归结束条件, 称为递归出口。例如, 在函数 F 中, n 为 1 和 0 的情况是递归出口。

(2)在回归阶段, 当满足递归结束条件后, 逐级返回, 依次得到稍复杂问题的解, 本例中得到 $F(1)$ 和 $F(0)$ 后, 返回得到 $F(2)$ 的结果, 在得到了 $F(n-1)$ 和 $F(n-2)$ 的结果后, 返回得到 $F(n)$ 的结果。

程序代码如下:
```
Private Sub Command1_Click()
    Dim i As Integer, f1 As Integer, f2 As Integer
    f1 = 1
    f2 = 1
    Print f1, f2,
```

```
    For i = 2 To 10
        f1 = f1 + f2
        f2 = f2 + f1
        Print f1, f2,
        If i Mod 2 = 0 Then Print            '每输出4个数换行
    Next i
End Sub
```

【例3.6.14】 求函数 fac$(n)=n!$。

$$n! = \begin{cases} 1, & n=1 \\ n\text{fac}(n-1), & n>1 \end{cases}$$

VB 允许一个自定义子过程或函数子过程在过程体的内部调用自己，这个过程称为递归子过程或递归函数。程序代码如下：

```
Public Function fac(n As Integer) As Integer
    If n = 1 Then
        fac = 1
    Else
        fac = n * fac(n - 1)
    End If
End Function
Private Sub Command1_Click()
    Print "fac(4)="; fac(4)      '调用递归函数，结果fac(4)=24
End Sub
```

本例中 fac(4) 的执行过程如图 3.6.5 所示。

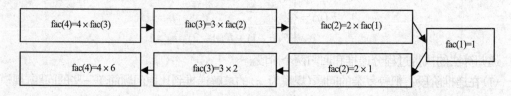

图 3.6.5　fac(4) 的执行过程

注意：If $n=1$ Then fac $=1$ 的作用很大，如果删去则会出现溢出错误。这是保证递归结束的条件，所以构成递归的条件如下。

(1)递归结束条件及结束时的值。

(2)能用递归形式表示，且递归向结束条件发展。

【例3.6.15】 汉诺(Hanoi)塔问题。

古代有一座梵塔，塔内有三个底座 A、B、C，A 座上有 64 个盘子，盘子大小不等，大的在下，小的在上，如图 3.6.6 所示。现要求将塔座 A 上的这 64 个圆盘移到塔座 B 上，并仍按同样顺序叠置，在移动圆盘时应遵守以下移动规则。

(1)每次只能移动 1 个圆盘。

(2)任何时刻都不允许将较大的圆盘压在较小的圆盘之上。

(3)在满足移动规则(1)和规则(2)的前提下，可将圆盘移至 A、B、C 中任一塔座上。

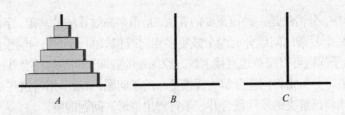

图 3.6.6　汉诺塔问题

算法分析：这是一个经典的递归算法的例子，这个问题在盘子比较多的情况下很难直接写出移动步骤，所以先分析盘子比较少的情况。

假定盘子从大向小依次为：盘子 1，盘子 2，…，盘子 64。

如果只有一个盘子，则不需要利用 B，直接将盘子从 A 移动到 C。

如果有 2 个盘子，可以先将盘子 1 上的盘子 2 移动到 B；将盘子 1 移动到 C；将盘子 2 移动到 C。这说明可以借助 B 将 2 个盘子从 A 移动到 C，当然，也可以借助 C 将 2 个盘子从 A 移动到 B。

如果有 3 个盘子，那么根据 2 个盘子的结论，可以借助 C 将盘子 1 上的两个盘子从 A 移动到 B；将盘子 1 从 A 移动到 C，A 变成空座；借助 A，将 B 上的两个盘子移动到 C。这说明可以借助一个空座，将 3 个盘子从一个座移动到另一个座。

如果有 4 个盘子，那么首先借助空座 C，将盘子 1 上的 3 个盘子从 A 移动到 B；将盘子 1 移动到 C，A 变成空座；借助空座 A 将 B 上的 3 个盘子移动到 C。

上述思路可以一直扩展到 64 个盘子的情况：可以借助空座 C 将盘子 1 上的 63 个盘子从 A 移动到 B；将盘子 1 移动到 C，A 变成空座；借助空座 A 将 B 上的 63 个盘子移动到 C。运行结果如图 3.6.7 所示。

图 3.6.7　汉诺塔问题输出

程序代码如下：

```
Sub hanoi(n%, left$, middle$, right$)
    If (n = 1) Then
        Print left; "->"; right   '表示将盘子从left座移到
right座
    Else
        Call hanoi(n - 1, left, right, middle)
        Print left; "->"; right
        Call hanoi(n - 1, middle, left, right)
    End If
End Sub
Private Sub Command1_Click()
    Call hanoi(3, "A", "B", "C")
End Sub
```

递推关系往往是利用递归的思想来建立的；递推由于没有返回段，所以更为简单，有时可以直接用循环结构实现。

10. 分治法

任何一个可以用计算机求解的问题所需的计算时间都与其规模有关。问题的规模越小，越容易直接求解，解题所需的计算时间也越少。

例如，对于 n 个元素的排序问题，当 $n=1$ 时，不需任何计算。$n=2$ 时，只要作一次比较即可排好序。$n=3$ 时只要作 3 次比较即可。而当 n 较大时，问题就不那么容易处理了。要想直接解决一个规模较大的问题，有时是相当困难的。

在计算机科学中，分治法是一种很重要的算法，是很多高效算法的基础，字面上的解释是"分而治之"，就是把一个复杂的问题分成两个或更多相同或相似的子问题，再把子问题分成更小的子问题，直到最后子问题可以简单地直接求解，原问题的解即子问题解的合并。

分治法的精髓："分"指将问题分解为规模更小的子问题；"治"指将这些规模更小的子问题逐个击破；"合"指将已解决的子问题合并，最终得出"母"问题的解。

由分治法产生的子问题往往是原问题的较小模式，这就为使用递归技术提供了方便。在这种情况下，反复运用分治手段，可以使子问题与原问题类型一致而其规模却不断缩小，最终使子问题缩小到很容易直接求出其解。这自然导致递归过程的产生。分治与递归像一对孪生兄弟，经常同时应用在算法设计之中，并由此产生了许多高效的算法。

分治法所能解决的问题一般具有以下几个特征。

(1)该问题的规模缩小到一定的程度就可以容易地解决。

(2)该问题可以分解为若干规模较小的相同问题，即该问题具有最优子结构性质。

(3)利用该问题分解出的子问题的解可以合并为该问题的解。

(4)该问题所分解出的各个子问题是相互独立的，即子问题之间不包含公共的子问题。

第一条特征是绝大多数问题都可以满足的，因为问题的计算复杂性一般是随着问题规模的增加而增加的。第二条特征是应用分治法的前提，也是大多数问题可以满足的，此特征反映了递归思想的应用。第三条特征是关键，能否利用分治法完全取决于问题是否具有第三条特征，如果具备了第一条和第二条特征，而不具备第三条特征，则可以考虑用贪心法或动态规划法。第四条特征涉及分治法的效率，如果各子问题是不独立的，则分治法要做许多额外的工作，重复地解公共子问题，此时虽然可用分治法，但一般选择动态规划法较好。

根据分治法的分割原则，原问题应该分为多少个子问题才较为适宜？各个子问题的规模应该怎样才最为恰当？人们从大量实践中发现，在用分治法设计算法时，最好将一个问题分成大小相等的 k 个子问题。这种使子问题规模大致相等的做法出自一种平衡子问题的思想，它几乎总是比子问题规模不等的做法要好。

【例3.6.16】 使用分治法解决 Fibonacci 数列问题。

当 $n=5$ 时，使用分治法计算 Fibonacci 数列的过程如图 3.6.8 所示。

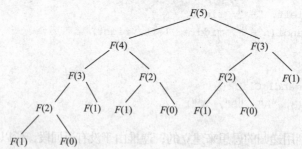

图 3.6.8　$n=5$ 时使用分治法计算 Fibonacci 数列的过程

【例3.6.17】 循环赛日程表问题。

设计一个满足以下要求的比赛日程表。

(1)每个选手必须与其他 $n-1$ 个选手各赛一次。

(2)每个选手一天只能赛一次。

(3)循环赛一共进行 $n-1$ 天。

算法分析：按分治策略将所有选手分为两队，n 个选手的比赛日程表就可以通过为 $n/2$ 个选手设计的比赛日程表来决定。递归地对选手进行分割，直到只剩下 2 个选手时，比赛日程表的制定就变得很简单了，这时只要让这 2 个选手进行比赛就可以了。

【例 3.6.18】 公主的婚姻。

艾述国王向邻国秋碧贞楠公主求婚，公主出了一道题：求出 48770428433377171 的一个真因子(除它本身和 1 外的其他约数)。若国王能在一天之内求出答案，公主便接受他的求婚。国王回去后立即开始逐个数地进行计算，他从早到晚，共算了 3 万多个数，最终还是没有结果。国王向公主求情，公主将答案相告：223092827 是它的一个真因子。国王很快就验证了这个数确实能除尽 48770428433377171。公主说："我再给你一次机会。"国王立即回国，并向时任宰相的大数学家孔唤石求教，大数学家在仔细思考后认为这个数为 17 位，则最小的一个真因子不会超过 9 位，他给国王出了一个主意：按自然数的顺序给全国的老百姓每人编一个号发下去，等公主给出数目后，立即将它们通报全国，让每个老百姓用自己的编号去除这个数，除尽了立即上报，赏金万两。

算法分析：国王最先使用的是一种顺序算法，后面由宰相提出的是一种并行算法，其中包含了分治法的思维。

11. 贪心法

贪心法在解决问题的策略上"目光短浅"，只根据当前已有的信息就作出有利的选择，而且一旦作出选择，不管将来有什么结果，这个选择都不会改变。换言之，**贪心法并不是从整体最优的角度考虑，它所作出的选择只是在某种意义上的局部最优。**这种局部最优选择并不总能获得整体最优解，但通常能获得近似最优解。

【例 3.6.19】 付款问题。

假设有面值为 5 元、2 元、1 元、5 角、2 角、1 角的货币，需要找给顾客 4 元 6 角现金且货币数量最少。

贪心法求解步骤：为使付出的货币数量最少，首先选出 1 张面值不超过 4 元 6 角的最大面值的货币，即 2 元，再选出 1 张面值不超过 2 元 6 角的最大面值的货币，即 2 元，再选出 1 张面值不超过 6 角的最大面值的货币，即 5 角，再选出 1 张面值不超过 1 角的最大面值的货币，即 1 角，总共付出 4 张货币。

在付款问题每一步的贪心选择中，在不超过应付款金额的条件下，只选择面值最大的货币，而不考虑在后面看来这种选择是否合理，而且它还不会改变决定：一旦选出了一张货币，就永远选定。付款问题的贪心选择策略是尽可能使付出的货币最快地满足支付要求，其目的是使付出的货币张数最慢地增加，这正体现了贪心法的设计思想。

因此，贪心法是一种针对某些求最优解问题的简单、迅速的设计技术。用贪心法设计算法的特点是一步一步地进行，常以当前情况为基础根据某个优化测度作为最优选择，而不考虑各种可能的整体情况，它省去了为找最优解要穷尽所有可能而必须耗费的大量时间，它自顶向下以迭代的方法作出相继的贪心选择，每作一次贪心选择就将所求问题简化为一个规模更小的子问题，通过每一步贪心选择，可得到问题的一个最优解，虽然每一步都要保证能够获得局部最优解，但由此产生的全局解有时不一定是最优的。

在计算机科学中，贪心法往往被用来解决旅行商问题(Traveling Salesman Problem，TSP)、图着色问题、最小生成树问题、背包问题、活动安排问题、多机调度问题等。

12. 动态规划法

动态规划是一种在数学和计算机科学中使用的用于求解包含重叠子问题的最优化方法。其基本思想是，将原问题分解为相似的子问题，在求解的过程中通过子问题的解求出原问题的解。动态规划的思想是多种算法的基础，被广泛应用于计算机科学和工程领域。

动态规划程序设计是对解最优化问题的一种途径和方法，而不是一种特殊算法。动态规划程序设计往往是针对一种最优化问题，由于各种问题的性质不同，确定最优解的条件也互不相同，因而动态规划的设计方法对不同的问题有各具特色的解题方法，而不存在一种万能的动态规划法，可以解决各类最优化问题。

13. 回溯法

回溯法实际上是一种基于穷举算法的改进算法，它是按问题的某种变化趋势穷举，如果某状态的变化结束还没有得到最优解，则返回上一种状态继续穷举。回溯法有"通用的解题法"之称，其采用一种"走不通就掉头"思想作为其控制结构，用它可以求出问题的所有解和任意解。

它的优点与穷举法类似，都能保证求出问题的最佳解，而且这种方法不是盲目地穷举搜索，而是在搜索过程中通过限界可以中途停止对某些不可能得到最优解的子空间的进一步搜索（类似于人工智能中的剪枝），故它比穷举法效率更高。

这种算法的技巧性很强，不同类型的问题解法也各不相同。与贪心法一样，这种方法也是用来为组合优化问题设计求解算法的，所不同的是它在问题的整个可能解空间搜索，所设计出来的算法的时间复杂度比贪心法高。

回溯法应用广泛，很多算法都用到了回溯法，如迷宫、八皇后等问题。

思 考 与 探 索

人类的生活算法或者数学算法都是通过人类的思维活动，充分利用计算机的高速度、大存储量、自动化的特点，就可以生成计算机算法来帮助人们解决现实世界中的问题。

算法求解问题的基本步骤如下：数学建模→算法的过程设计→算法的描述→算法的模拟与分析→算法的复杂性分析→算法实现。

3.6.2 算法分析

对于同一个问题，可以有不同的解题方法和步骤，即可以有不同的算法，而一个算法的质量优劣将影响到算法乃至程序的效率。算法分析的目的在于选择合适算法和改进算法。对于特定问题来说，**往往没有最好的算法，只有最适合的算法**。

例如，求 $1+2+3+\cdots+100$，可以按顺序依次相加，也可以计算 $(1+99)+(2+98)+\cdots+(49+51)+100+50=100\times50+50=5050$，还可以按等差数列求和等。因为方法有优劣之分，所以为了有效地解题，不仅要保证算法正确，还要考虑算法的质量，选择合适的算法。

通过对算法的分析，在把算法变成程序实际运行前，就知道为完成一项任务所设计的算法的好坏，从而运行好算法，改进差算法，避免无益的人力和物力浪费。

对算法进行全面分析，可分两个阶段进行。

(1)事前分析。事前分析是指通过对算法本身的执行性能的理论分析得出算法特性。一般使用数学方法严格地证明和计算它的正确性和性能指标。

算法复杂性指算法所需要的计算机资源，对一个算法的评价主要从时间复杂度和空间复杂度两方面来考虑。其中，**时间复杂度的数量关系评价体现在时间——算法编程后在机**

器中所耗费的时间；空间复杂度的数量关系评价体现在空间——算法编程后在机器中所占的存储量。

(2) 事后测试。一般地，将算法编制成程序后实际放到计算机上运行，收集其执行时间和空间占用等统计资料，进行分析判断。对于研究前沿性的算法，可以采用模拟/仿真分析方法，即选取或实际产生大量的具有代表性的问题实例——数据集，将要分析的某算法进行仿真应用，然后对结果进行分析。

评价一个算法需要考虑以下几个性能指标。

1. 正确性

算法的正确性是评价一个算法优劣的最重要的标准。一个正确的算法是指在合理的数据输入下，能在有限的运行时间内得到正确的结果。算法正确性的评价包括两方面：问题的解法在数学上是正确的，执行算法的指令系列是正确的。可以通过对输入数据的所有可能情况的分析和上机调试来证明算法是否正确。

2. 可读性

算法的可读性是指一个算法可供人们阅读的难易程度。一个好的算法应该清晰、易读、易懂、易证明，且应便于调试和修改。

3. 健壮性

健壮性是指一个算法对不合理输入数据的反应能力和处理能力，也称为容错性。算法应具有容错处理能力。当输入非法数据时，算法应对其作出响应，而不是产生莫名其妙的输出结果。

4. 时间复杂度

算法的时间复杂度是指执行算法所需要的计算工作量。为什么要考虑时间复杂度呢？因为有些计算机需要用户提供程序运行时间的上限，一旦达到这个上限，程序将被强制结束，而且程序可能需要提供一个满意的实时响应。

和算法执行时间相关的因素包括：问题中数据存储的数据结构、算法采用的数学模型、算法设计的策略、问题的规模、实现算法的程序设计语言、编译算法产生的机器代码的质量、计算机执行指令的速度等。

一般来说，计算机算法是问题规模 n 的函数 $f(n)$，算法的时间复杂度也因此记为

$$T(n)=O(f(n))$$

一个算法的执行时间大致等于其所有语句执行时间的总和，对于语句的执行时间是指该条语句的执行次数和执行一次所需时间的乘积。一般随着 n 的增大，$T(n)$ 增长较慢的算法为最优算法。

【例 3.6.20】 计算例 3.6.14 求函数 fac$(n)=n!$的时间复杂度。

递归方程为 $T(n)=T(n-1)+O(1)$，其中 $O(1)$ 为一次乘法操作。

时间复杂度为

$$
\begin{aligned}
T(n)&=T(n-2)+O(1)+O(1)\\
&=T(n-3)+O(1)+O(1)+O(1)\\
&\cdots\\
&=O(1)+\cdots+O(1)+O(1)+O(1)\\
&=n\cdot O(1)\\
&=O(n)
\end{aligned}
$$

【例3.6.21】 计算例3.6.15汉诺塔问题的时间复杂度。

汉诺塔问题子过程定义如下：

```
Sub hanoi(n%, left$, middle$, right$)
    If (n = 1) Then
        Print left; "->"; right  '将盘子从left座移到right座
    Else
        Call hanoi(n - 1, left, right, middle)
        Print left; "->"; right
        Call hanoi(n - 1, middle, left, right)
    End If
End Sub
```

当$n=64$时，要移动多少次盘子？需花费多长时间？

$$h(n)=2h(n-1)+1$$
$$=2(2h(n-2)+1)+1=2^2h(n-2)+2+1$$
$$=2^3h(n-3)+2^2+2+1$$
$$\cdots$$
$$=2^nh(0)+2^{n-1}+\cdots+2^2+2+1$$
$$=2^{n-1}+\cdots+2^2+2+1=2^n-1$$

需要移动盘子的次数为$2^{64}-1=18446744073709551615$。

假定每秒移动一次，一年有31536000s，则一刻不停地来回搬动，也需要花费大约5849亿年的时间。假定计算机以每秒移动1000万次盘子的速度进行处理，则需要花费大约58490年的时间。

因此，理论上可以计算的问题实际上并不一定能解决。一个问题求解算法的时间复杂度大于多项式(如指数函数)时，算法的执行时间将随n的增加而急剧增长，以致即使是中等规模的问题也不能被求解，于是在计算时间复杂性时，将这一类问题称为难解性问题。

5. 空间复杂度

算法的空间复杂度是指算法需要消耗的内存空间。其计算和表示方法与时间复杂度类似，一般都用复杂度的渐近性来表示。同时间复杂度相比，空间复杂度的分析要简单得多。考虑程序的空间复杂性的原因主要有：多用户系统中运行时需指明分配给该程序的内存大小；可提前知道是否有足够可用的内存来运行该程序；一个问题可能有若干内存需求各不相同的解决方案，需从中择取；利用空间复杂性来估算一个程序所能解决问题的最大规模。

在公主的婚姻的案例中，国王最先使用的顺序算法，其复杂性表现在时间方面；后面由宰相提出的并行算法，其复杂性表现在空间方面。

思考与探索

直觉上，顺序算法解决不了的问题完全可以用并行算法来解决，甚至可能认为，并行计算机系统求解问题的速度将随着处理器数目的不断增加而不断提高，从而解决难解性问题，其实这是一种误解。当将一个问题分解到多个处理器上解决时，由于算法中不可避免地存在必须串行执行的操作，从而会大大限制并行计算机系统的加速能力。

3.7 知识进阶

3.7.1 编码约定

为了使应用程序的结构和编码风格标准化，需要使用统一编码约定集。好的编码约定可使源代码严谨、可读性强且意义清楚，与其他语言约定相一致，并且尽可能直观。

1. 对象命名约定

应该用一致的前缀来命名对象，使人们容易识别对象的类型。

(1)控件前缀。Visual Basic 支持一些推荐使用的常用的对象约定。

(2)推荐使用的数据访问对象（DAO）的前缀。表 3.7.1 列出了 Visual Basic 支持的一些推荐使用的常用数据访问对象的前缀。

表 3.7.1　推荐使用的 DAO 前缀

数据库对象	前缀	例子
Container	con	conReports
Database	db	dbAccounts
DBEngine	dbe	dbeJet
Document	doc	docSalesReport
Field	fld	fldAddress
Group	grp	grpFinance
Index	ix	idxAge
Parameter	prm	prmJobCode
QueryDef	qry	qrySalesByRegion
Recordset	rec	recForecast
Relation	rel	relEmployeeDept
TableDef	tbd	tbdCustomers
User	usr	usrNew
Workspace	wsp	wspMine

(3)推荐使用的菜单前缀。如果应用程序频繁使用许多菜单控件，那么对于这些控件而言，具备一组唯一的命名约定很实用。除了最前面的 mnu 标记以外，菜单控件的前缀应该被扩展：对每一级嵌套增加一个附加前缀，将最终的菜单的标题放在名称字符串的最后。例如，File 菜单的子菜单项 Open 可以命名为 mnuFileOpen，这种命名清楚地表示出了它们所属的菜单命令。

2. 常量和变量命名约定

除了对象之外，常量和变量也需要格式良好的命名约定。变量应该总是被定义在尽可能小的范围内。全局变量可以导致极其复杂的状态机构，并且使一个应用程序的逻辑非常难于理解，使代码的重用和维护更加困难。在 VB 的应用程序中，只有当没有其他方便途径在窗体之间共享数据时才使用全局变量。当必须使用全局变量时，需要在一个单一模块中声明它们，并按功能分组，还要给这个模块取一个有意义的名称，以指明它的作用，如 Public.bas。

较好的编码习惯是尽可能写模块化的代码。例如，如果应用程序显示一个对话框，就把要完成这一对话任务所需的所有控件和代码放在单一的窗体中。这有助于将应用程序的代码组织在有用的组件中，并减小它运行时的开销。

除了全局变量(应该是不被传递的)，过程和函数应该仅对传递给它们的对象操作。在过程中使用的全局变量应该在过程起始处的声明部分中标识出来。此外，应该用 ByVal 将参数传递给 Sub 过程及 Function 过程，除非明显地需要改变已传递的参数值。

1）变量的范围前缀

随着工程大小的增长，划分变量范围的工作也迅速增加。在类型前缀的前面放置单字母范围前缀标明了这种增长，但变量名的长度并没有增加很多，如表 3.7.2 所示。

表 3.7.2　推荐使用的变量范围前缀

范围	前缀	例子
全局	g	gstrUserName
模块级	m	mblnCalcInProgress
过程	无	dblVelocity

2）变量数据类型

应该给变量加前缀来指明它们的数据类型，而且前缀可以被扩展，用来指明变量范围，特别是对大型程序。可以用表 3.7.3 所示的前缀来指明一个变量的数据类型。

表 3.7.3　推荐使用的变量数据类型前缀

数据类型	前缀	例子
Boolean	bln	blnFound
Byte	byt	bytRasterData
Currency	cur	curRevenue
Double	dbl	dblTolerance
Integer	int	intQuantity
Long	lng	lngDistance
Object	obj	objCurrent
Single	sng	sngAverage
String	str	strFName

3.7.2　结构化编码

除了命名约定外，结构化编码约定可以极大地改善代码的可读性，如代码注释和一致性缩进。

1. 代码注释约定

所有的过程和函数都应该以描述这段过程功能的一段简明注释开始（这段过程是干什么的）。这种描述不应该包括执行过程细节（它是怎么做的），因为这常常是随时间而变的。

2. 格式化代码

因为许多程序员仍然使用 VGA 显示器，所以在允许代码格式来反映逻辑结构和嵌套的同时，应尽可能地节省屏幕空间，此时注意以下几点规则。

（1）标准的、基于制表位的嵌套块应该被缩进 4 个空格（默认情况下）。

（2）过程的功能综述注释应该缩进一个空格，跟在综述注释后面的最高级的语句应该缩进一个制表位，而每一个嵌套的块再缩进一个制表位。

3. 给常量分组

变量和定义的常量应该按功能分组，而不是分散到单独区域或特定文件中。Visual Basic 一般常量应该在单一模块中分组，以将它们与应用程序特定的声明分开。

项目交流

分组交流讨论：本章中的各项目主要完成了简单的界面设计和基本的数据处理功能，如果你作为客户，你对本章中项目的设计满意吗(包括功能、界面和操作模式)？找出本章项目中不足的地方，加以改进。在对项目改进过程中遇到了哪些困难？组长组织本组人员讨论或与老师进行讨论改进的内容及改进方法的可行性，记录并编程上机检测。

项目改进记录

序号	项目名称	改进内容	改进方法
1			
2			
3			
4			
5			
6			
7			

交回讨论记录摘要。记录摘要包括时间、地点、主持人(组长，建议轮流担任组长)、参加人员、讨论内容等。

基本知识练习

一、简答题

1. Visual Basic 提供了哪些标准数据类型？声明类型时，常用的类型关键字和声明符号分别是什么？

2. 在多分支结构的实现中，可以用 If…Then…ElseIf…End If 形式的语句，也可以用 Select Case…End Select 形式的语句，由于后者的条件书写更灵活、简洁，是否可以取代前者？举例说明。

3. 已知循环次数，选用哪种循环结构比较合适？

4. 函数过程和子过程的异同点是什么？

二、说明题

1. 说明下列哪些是 VB 的合法常量，并分别指出是什么类型。

(1) 100.0　　　(2) %100　　　(3) 1E1　　　(4) 123D3

(5) "asdf"　　　(6) 100#　　　(7) True　　　(8) #200/10/7#

2. 说明下列哪些是 VB 的合法变量名。

(1) a123　　　(2) a12_3　　　(3) 123_a　　　(4) a 123

(5) Integer　　　(6) False　　　(7) 变量名　　　(8) sin(x)

3. 根据条件写表达式。

(1) 产生一个 100 ~ 400 范围内的正整数。

(2) 表示 X 是 5 或 7 的倍数。

(3) 将 X 的值四舍五入，保留小数点后两位。

(4) 取字符变量 S 中从第 5 个字符开始的 6 个字符。

(5) 表示 $10 \leqslant X \leqslant 20$。

(6) 表示 $x \leqslant 12$ 或 $x \geqslant 30$。

三、编程题

1. 设 $S=1 \times 2 \times 3 \times \cdots \times n$，求 S 不大于 400000 时最大的 n 值。

2. 计算 $S=1+1/11+1/22+1/33+\cdots+1/99$ 的值 (提示：$S=S+1/(10 \times i+i)$)。

3. 计算 $S=1/(1 \times 2)+2/(2 \times 3)+3/(3 \times 4)+\cdots+9/(9 \times 10)$ 的值。

4. 编程求一元二次方程 $ax^2+bx+c=0$ 的根 x1 和 x2，并显示在标签框中，a、b、c 为其系数，可以使用文本框或输入框输入。

5. 使用三个文本框分别输入三个数，单击命令按钮将输入的三个数从大到小排序，并将排序结果显示在标签框中。

6. 铁路托运行李，从甲地到乙地规定每张客票托运费计算方法如下。

(1) 行李重量不超过 50kg 时，0.25 元/kg。

(2) 超过 50kg 而不超过 100kg 时，其超过 50kg 部分按 0.35 元/kg 收费。

(3) 超过 100kg 时，其超过部分按 0.45 元/kg 收费。

编写程序，输入行李重量，计算并输出托运的费用。界面自定，但要求简洁美观。

7. 利用随机函数产生 50 个 50~100 范围内的随机数，求其平均值、最大值、最小值。

8. 求由输入框输入的两个自然数 m 和 n 的最大公约数和最小公倍数，并将结果显示在窗体上。

9. 判断一个由输入框输入的正整数是否为素数(质数)，并将结果显示在窗体上。

10. 打印数字金字塔图形，如图 3.8.1 所示。

图 3.8.1　数字金字塔图形

能力拓展与训练

一、调研与分析

分小组分别对学生、教师、教务工作人员等不同的用户进行充分调查，了解"学生管理系统"中"成绩管理"模块具体包括哪些方面，然后综合分析。知道如何在现代团队环境下构思、设计、实施、运行工程产品、过程和系统。考察内容要求如下。

(1) 学生对成绩查询功能的要求。

(2) 教师对成绩的录入、修改、查询功能的要求。

(3) 教务工作人员对成绩的后台管理(科目、学生名单等)功能的要求。

(4) 开发语言的选择。

二、自主学习与探索

编写一个英文打字训练程序，要求如下。

(1) 在 Text1 中随机生成 50 个字母的范文。

(2) 在 Text2 中输入范文内容，在输入范文的过程中如输入的字母与范文不一致，则出现消息框说明，然后继续输入。

(3) 当 Text2 获得焦点时，开始计时，同时通过其他控件显示此时的时间。

(4) 当输入了第 50 个字母时结束计时，禁止向文本框输入内容，通过其他控件显示打字的速度和正确率。

提示：使用 If 语句对输入的字符与随机产生的字符一一对应比较，判断输入正确与否。

三、思辩题

1. 选择什么样的学习路线可以快速掌握软件开发工具?

2. 一个软件可以无限制地维护并使用吗?

四、我的问题卡片

请把学习中(包括预习和复习)思考和遇到的问题写在下面的卡片上, 然后逐渐补充简要的答案。

问题卡片

序号	问题描述	简要答案
1		
2		
3		
4		
5		

你 我 共 勉

学然后知不足, 教然后知困。知不足, 然后能自反也; 知困, 然后能自强也。

——孔子

第4章 用户界面设计

随着图形化操作系统的产生和发展，用户在与计算机交互时基本上都使用形象直观、简单易学的图形化方式，即通过单击菜单、命令按钮等图形化元素来向应用程序发出命令，而应用程序也以图形化元素向用户显示各种信息。因此，为程序建立图形化的用户界面已经形成当今程序设计必备的基本技术之一。

4.1 用户界面设计原则

一个应用程序不仅要具有满足用户需求的功能，还要有简洁、美观、实用的用户界面。用户界面是应用程序的一个重要组成部分，一个应用程序的界面往往决定了该程序的易用性与用户使用量。因此，了解应用程序界面的设计原则，是每个程序设计人员都要做的事情。

1. 以用户为出发点

用户第一次接触应用程序就是从界面开始的，所以程序员在设计应用程序时，应时刻为用户着想，以方便用户使用作为程序设计的目标。

2. 易用性

界面上所使用的名词要清晰易懂，用词准确，能见文知义。理想的情况是用户不用查阅帮助文档就能知道该界面的功能并进行相关的正确操作。

易用性的几个主要细则如下。

(1)完成相同或相近功能的按钮用 Frame 框起来，常用按钮要支持快捷方式。

(2)完成同一功能或任务的元素放在集中位置，减小鼠标移动的距离。

(3)按功能将界面划分局域块，采用 Frame 框起来，并要有功能说明或标题。

(4)界面要支持键盘自动浏览按钮功能，即按 Tab 键的自动切换功能，默认按钮要支持 Enter 操作，即按 Enter 键后自动执行默认按钮对应操作。

(5)同一界面上的控件数最好不要超过 10 个，多于 10 个时可以考虑使用分页界面显示。

(6)可写控件检测到非法输入后应给出说明并能自动获得焦点。

(7)界面空间较小时使用下拉框而不用选项框。

3. 重点突出

人们习惯的阅读顺序一般是从左到右，从上到下。那么，用户第一眼看到的信息应是计算机屏幕左上部分，所以重要的和经常访问的元素应放在此位置，一目了然。另外，在 Visual Basic 中将控件按其在功能上的联系进行分组，放在一起。通常情况下，可以使用框架控件来合理编排各控件之间的关系。

4. 一致性和规范性

一致性的外观将体现应用程序的协调性，缺乏一致性会使应用程序看起来混乱而不严谨。这样的界面不但给用户的使用带来不便，甚至还会使用户觉得应用程序不可靠。

一致性从以下几个主要方面进行考虑。

(1) 合理设置控件的大小和位置。

(2) Visual Basic 提供的控件丰富多样，应当尽量选择最合适应用程序的特定控件。另外，当有 ListBox、ComboBox 等多种控件被同时使用时，要尽可能地使它们采用同一风格。

(3) 字体也是用户界面的重要部分。应选取在不同的分辨率和不同类型的显示器上都能容易阅读的字体。尽量使用标准 Windows 字体，如 Arial、Times New Roman 或 System。在应用程序中选取字体时，最好不选用两种以上的字体。

通常界面设计都按 Windows 界面的规范来设计，即包含菜单栏、工具栏、工具箱、状态栏、滚动条、右键快捷菜单的标准格式，可以说界面遵循规范化的程度越高，则程序的易用性就越好。

5. 合理利用空间，保持界面简洁

在界面的空间使用上，应当形成一种简洁明了的布局。

(1) 合理使用窗体控件以及控件四周的空白区域。窗体控件之间以及控件四周要留有一定的距离，以空白区域来突出设计元素。

(2) 各控件之间排列要整齐，行距等要一致，整齐的界面便于用户阅读。

(3) 界面简洁美观。界面设计应该符合美学观点。协调舒适的界面能有效吸引用户的注意力，令人赏心悦目。同时，在界面设计中，要根据对现实对象的理解来设计出自己的并能为用户带来方便的界面，如带有选取预装入的列表框，这些控件可以减少输入工作量。

6. 合理利用颜色、图像和显示效果

界面上使用颜色可以增加视觉上的感染力，颜色能够引发强烈的情感，而每个人对颜色的喜爱有很大的不同，在设计界面时，如果是针对普遍用户的程序，一般采用一些柔和的、中性化的颜色。当然，针对特定的用户就要依据用户自己的选择了，但切忌色彩过多，花哨艳丽。色调要保持一致，最好使用标准的 16 色调色板。另外，图片与图标的使用会增加应用程序视觉上的效果，设计时应用大众普遍认可的标准，例如，用 Windows 的图标来表示相似的功能，在整个应用程序中合理地利用各种显示效果并能保持一致，以促进内容与形式的统一。

7. 完善的帮助机制

系统应根据操作的难易程度和用户类别，为程序设计不同层次但相对完善的帮助机制，在程序中建立联机帮助、工具提示、状态栏、"这是什么"等帮助，以便在用户使用系统产生迷惑时自己寻求解决方法。

8. 安全性

开发者应当尽量周全地考虑到各种可能发生的问题，使出错的可能性降至最低。如果应用出现保护性错误而退出系统，最容易使用户对软件失去信心。因为这意味着用户要中断思路，并费时费力地重新登录，而且已进行的操作也会因没有存盘而全部丢失。

安全性的几个主要细则如下。

(1) 最重要的是排除可能会使应用非正常中止的错误。

(2) 应当注意尽可能避免用户无意录入无效的数据。对一些特殊符号的输入、与系统使用的符号相冲突的字符等进行判断并阻止用户输入该字符。

(3) 采用相关控件限制用户输入值的类型。

(4)在一个应用系统中，开发者应当避免用户做出未经授权或没有意义的操作。

(5)对可能引起致命错误或系统出错的输入字符或动作要加以限制或屏蔽。对可能发生严重后果的操作要有补救措施，通过补救措施用户可以回到原来的正确状态。

(6)对可能造成等待时间较长的操作应该提供取消功能。

总之，美观实用的用户界面设计不是控件的简单放置，而是程序员编程能力、实践经验以及美学修养等多方面素质的综合表现。一个美观的应用程序界面是一个直观的、对用户透明的界面，用户在首次接触了这个软件后就觉得一目了然，不需要花费太多时间就很容易上手使用。

4.2 项目 档案管理之信息录入

【项目目标】

本项目实例主要任务是设计完成学生档案管理信息录入界面，如图 4.2.1 所示。

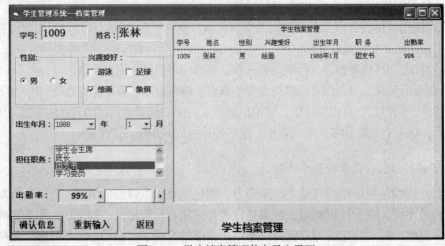

图 4.2.1 学生档案管理信息录入界面

【项目分析】

本项目实例主要运用了 VB 6.0 常用控件中的标签、文本框、框架、单选按钮、复选框、组合框、列表框、滚动条和定时器控件。

"档案管理"窗口上用到的对象如下。

(1)标签 9 个，分别用来标识 "学号"、"姓名"、"出生年月"、"年"、"月"、"担任职务"、"出勤率"、出勤率结果和滚动字幕。

(2)文本框 2 个，分别用来输入学号和姓名。

(3)框架 2 个，分别用来标识分组的 "性别" 和 "兴趣爱好"。

(4)单选按钮 2 个，分别用来选择性别内容。

(5)复选框 4 个，分别用来选择兴趣爱好内容。

(6)组合框 2 个，分别用来选择标识年和月的列表项。

(7)列表框 1 个，用来选择职务的列表项。

(8)滚动条 1 个，用来表示出勤率。

(9)定时器 1 个，用来定时控制在窗体下方自左至右的滚动字幕——显示 "学生档案管理" 几个字。

(10)图片框 1 个，用来显示学生档案管理的内容。

(11)按钮 3 个，用户进行填写或选择操作之后，单击 "确认信息" 按钮后将信息显示到右侧图片框中；单击"重新输入"按钮，恢复所有控件初始内容，用户可以重新输入档案信息；"返回"按钮用来结束项目程序的运行。

【项目实现】

1. 程序界面设计

双击"工程资源管理器"中的 Form4（档案管理）窗体，进入 Form4 的窗体设计状态，添加的控件如图 4.2.2 所示。

注意：在框架内添加控件时，先添加框架控件后再添加框架内部的对象，不能使用双击的方法添加，只能用"单击+在框架内部拖动"的方法。

2. 相关对象属性设置

在属性窗口中为窗体和控件设置相应的属性值，各对象属性设置如表 4.2.1 所示。

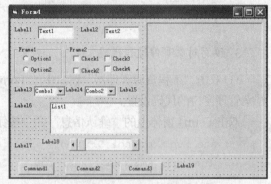

图 4.2.2　学生档案管理录入信息窗口初始界面

表 4.2.1　相关对象的属性及设置值

对象	属性	设置值
窗体 Form4	Caption	学生管理系统——档案管理
标签 Label1	Caption	学号：
标签 Label2	Caption	姓名：
标签 Label3	Caption	出生年月：
标签 Label4	Caption	年
标签 Label5	Caption	月
标签 Label6	Caption	担任职务：
标签 Label7	Caption	出勤率：
标签 Label8	Caption	99%
标签 Label9	Caption	学生档案管理
文本框 Text1	Text	设置为空
文本框 Text2	Text	设置为空
框架 Frame1	Caption	性别：
框架 Frame2	Caption	兴趣爱好：
单选按钮 Option1	Caption	男
单选按钮 Option2	Caption	女
复选框 Check1	Caption	游泳
复选框 Check2	Caption	足球
复选框 Check3	Caption	绘画
复选框 Check4	Caption	象棋
组合框 Combo1	Text	1988
	List	"1980 1981 1982 1983…1988" 年份中间用 Ctrl+Enter 分隔，最后按 Enter 键结束
组合框 Combo2	Text	1
	List	"1 2 3 4 5 6 7 8 9 10 11 12" 月份中间用 Ctrl+Enter 分隔，最后按 Enter 键结束
列表框 List1	List	"学生会主席 班长 团支书 学习委员" 各职务名称中间用 Ctrl+Enter 分隔，最后按 Enter 键结束
水平滚动 HScroll1	Min	0
	Max	100
	SmallChange	1
	LargeChange	5

对象	属性	设置值
图片框 Picture1	无	无
命令按钮 Command1	Caption	确认信息
命令按钮 Command2	Caption	重新输入
命令按钮 Command3	Caption	返回
定时器 Timer1	Interval	50

3. 编写对象事件过程代码

(1) 双击 "工程资源管理器" 窗口中的 Form4，使 Form4 成为当前设计窗体，以下是 Form4 档案管理窗口的代码设置。

双击 Form4 窗体上的 "确认信息" 命令按钮，进入代码窗口编写如下事件过程代码：

```
Private Sub Command1_Click() '                    "确认信息" 按钮事件
    Dim xh$, xm$, xb$, xq$, rq$, zw$, cql$
    xh = Text1                                     '文本框输入学号
    xm = Text2                                     '文本框输入姓名
    xb = IIf(Option1.Value, "男", "女")            '单选按钮选择性别
    xq = IIf(Check1.Value, Check1.Caption, "") & _ '复选框选择兴趣爱好
        IIf(Check2.Value, Check2.Caption, "") & _
        IIf(Check3.Value, Check3.Caption, "") & _
        IIf(Check4.Value, Check4.Caption, "")
    rq = Combo1.Text & "年" & Combo2.Text & "月"   '组合框选择出生年月
    zw = List1                                     '列表框选择职务
    cql = HScroll1.Value & "%"                     '滚动条设置出勤率
    Picture1.AutoRedraw = True                     '图片框文字持久显示
    Picture1.Print                                 '空行
    Picture1.Print Tab(34); "学生档案管理"         '图片框显示标题
    Picture1.Print                                 '空行
    Picture1.Print Tab(2); "学号 "; Tab(10); " 姓名 "; _  '图片框显示副标题
                Tab(21); "性别 ";  Tab(28); " 兴趣爱好 "; _
                Tab(43); " 出生年月 "; _
                Tab(57); "职 务 "; Tab(72); "出勤率"
    Picture1.Print"--------------------------------"  '显示虚线条
    Picture1.Print Tab(2); xh; Tab(10); xm; Tab(21); xb;  '显示各项内容
                Tab(28); xq; Tab(43); rq; Tab(57); _
                zw; Tab(72); cql
End Sub
```

双击 Form4 窗体上的 "重新输入" 命令按钮，进入代码窗口编写如下事件过程代码：

```
Private Sub Command2_Click()        ' "重新输入" 按钮事件
    Picture1.cls
    Text1 = ""
    Text2 = ""
    Option1.Value = False
```

```
     Option2.Value = False
     Check1.Value = 0
     Check2.Value = 0
     Check3.Value = 0
     Check4.Value = 0
     HScroll1.Value = 100
     Combo1.Text = Combo1.List(0)
     List1.Text = ""
     Text1.SetFocus
End Sub
```

双击 Form4 窗体上的"返回"命令按钮,进入代码窗口编写如下事件过程代码:

```
Private Sub Command3_Click()          '"返回"按钮事件
     Form4.Hide                       '隐藏当前Form4窗体
     Form2.Show                       '显示主界面Form2窗体
End Sub
```

双击 Form4 窗体上的 Timer1 定时器控件,进入代码窗口编写如下事件过程代码:

```
Private Sub 1_Timer()'控制滚动字幕的Timer事件
Label9.Left = Label9.Left + 20      '标签字幕向右侧移动
'标签Left属性值超过窗体有效宽度后,标签重新从左侧4800缇位置出现
If Label9.Left > Form4.ScaleWidth Then Label9.Left = 4800
End Sub
```

4.2.1 复选框

1. 常用属性

(1) Caption 属性:设置复选框附近的文字。

(2) Visible 属性:返回或设置一个值,用来指示对象为可见或隐藏,True(默认值)表示对象是可见的,False 表示对象是隐藏的。

(3) Enabled 属性:Enabled = True 时,允许使用该复选框;Enabled = False 时,禁止使用该复选框。

(4) Value 属性:指示复选框处于选定、未选定或禁止状态(灰色)中的哪一种。vbUnchecked(0)为默认值,表示没选中(Unchecked);vbChecked(1)表示选中(Checked);vbGrayed(2)表示禁止状态(Unavailable)。

2. 常用事件

(1) Click 事件。在下面的程序段中,每次单击复选框控件时都将改变其 Caption 属性,以指示选中或未选中状态:

```
Private Sub Check1_Click()
     If Check1.Value = vbChecked Then
          Check1.Caption = "选中"
     ElseIf Check1.Value = vbUnchecked Then
          Check1.Caption = "未选中"
     End If
End Sub
```

(2)响应键盘。用 Tab 键将焦点转移到复选框控件上，再按空格键，这时也会触发复选框控件的 Click 事件。

(3)设置快捷键。可以在 Caption 属性的一个字母之前添加连字符(&)，创建一个键盘快捷方式来切换复选框控件的选择。

注意：在运行时单击复选框时有两种状态：选中和未选中。

【例 4.2.1】 设计图 4.2.3 所示的界面，包括一个标签、一个文本框、四个复选框，通过单击复选框实现文本框中字体样式的改变。

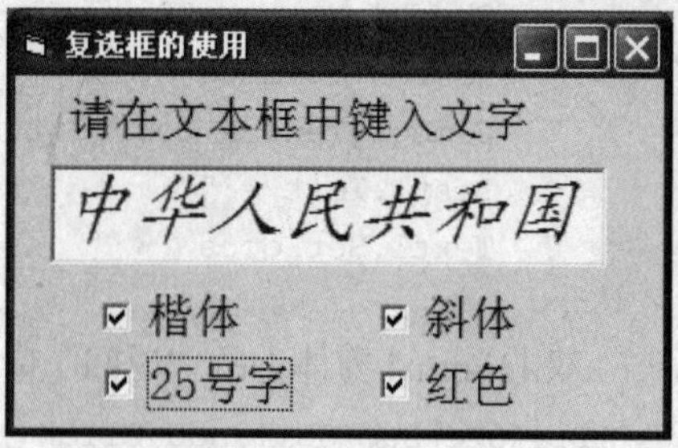

程序代码如下：

图 4.2.3　复选框的使用

```
Private Sub check1_click()
    If Check1.Value = 1 Then          '判断复选框1是否选中
        Text1.FontName = "楷体_GB2312"
    Else
        Text1.FontName = "宋体"
    End If
End Sub
Private Sub check2_click()
    If Check2.Value = 1 Then          '判断复选框2是否选中
        Text1.FontItalic = True
    Else
        Text1.FontItalic = False
    End If
End Sub
Private Sub check3_click()
    If Check3.Value = 1 Then          '判断复选框3是否选中
        Text1.FontSize = 25
    Else
        Text1.FontSize = 9
    End If
End Sub
Private Sub check4_click()
    If Check4.Value = 1 Then          '判断复选框4是否选中
        Text1.ForeColor = RGB(255,0,0)
    Else
        Text1.ForeColor = RGB(0,0,0)
    End If
End Sub
```

4.2.2　单选按钮

单选按钮用来显示选项，通常以选项按钮组的形式出现，用户可从中选择一个选项。单选按钮控件与复选框控件的相同之处在于，都是用来指示用户所作的选择；不同之处在于，可选中任意数目的复选框，而对于一组单选按钮控件，一次只能选中其中的一个。

1. 常用属性

Value 属性，其中，True 表示已选择了该按钮；False（默认值）表示没有选择该按钮。

2. 常用事件

常用事件主要是 Click 事件。

4.2.3 框架

框架控件是一个容器，可为控件提供可标识的分组。框架可以在功能上进一步分割一个窗体，例如，把单选按钮控件分成几组，分组步骤如下。

(1) 先建框架，后在其内建控件，这样就可以把框架和里面的控件同时移动。如果在框架外部绘制了一个控件并试图把它移到框架内部，那么控件将在框架的上部，这时需分别移动框架和控件。

(2) 建立框架内的控件时，不能双击，只能单击后拖放，否则载体不是框架而是窗体，其内的控件（如单选按钮）将不随框架移动，用户这时只能在窗体中的全部单选按钮中任选一个。

1. 常用属性

(1) BorderStyle 属性：返回或设置对象的边框样式，其中，0 表示无边框；1（默认值）表示固定单边框。

(2) Caption 属性，用于设置框架的标题文本。

说明： 当 BorderStyle 属性值为 0 时，框架的标题不显示。

2. 常用事件

框架常用事件有 Click 和 DblClick 等，但一般不需要编写事件过程代码。

【例 4.2.2】 设计如图 4.2.4 所示界面，界面包括一个标签、两个框架、四个单选按钮。通过单击单选按钮实现标签中字体颜色和字号的改变。

程序代码如下：

```
Private Sub Option1_Click()
    Label1.ForeColor = vbRed
End Sub
Private Sub Option2_Click()
    Label1.ForeColor = vbBlue
End Sub
    Private Sub Option3_Click()
Label1.FontSize = 16
End Sub
Private Sub Option4_Click()
    Label1.FontSize = 24
End Sub
```

图 4.2.4 单选按钮和框架的使用

4.2.4 列表框

列表框控件显示项目列表，用户可从中选择一个或多个项目。如果项目数超过列表框可显示的数目，则控件上将自动出现滚动条。这时用户可在列表中实现上、下、左、右滚动。

1. 常用属性

（1）List 属性：返回或设置控件的列表部分的项目。列表是一个字符串数组，它的每一项都是一个列表项目。

在设计时，在属性窗口中使用 List 属性可在列表中增加项目。输入列表项后按 Ctrl+Enter 键，可以添加下一个列表项。列表项只能添加到列表框的末尾。

引用列表项目时的语法格式如下：

列表框名.List(下标)

其中，下标是列表项的下标，0 为第一项，1 为第二项，以此类推。

例如：

```
Text1.Text = List1.List(2)
```

（2）ListIndex 属性：设置或读取运行时选中列表项的下标。列表第一项的 ListIndex 是 0，最后一项是 ListCount-1；如果未选定项目，则 ListIndex 属性值是 -1。

（3）ListCount 属性：返回运行时列表项的总个数，比最大的 ListIndex 值大 1。

说明：常将 List、ListCount 和 ListIndex 属性结合起来，用于访问列表框中的项目。

（4）Text 属性：总是对应用户在运行时选定的列表项目的值。

注意：常用 Text 属性和 ListIndex 属性来判断用户选定了列表框中的哪一项。

（5）NewIndex 属性：返回最近加入列表框控件的项的索引，在运行时是只读的。

（6）Sorted 属性（只读属性）：指定控件的元素是否自动按字母表顺序排列。当该属性为 True 时，按字母表顺序排列，包括对添加或删除项目所需的索引序号的改变。

2.常用方法

（1）AddItem 方法。使用 AddItem 方法可以添加 ListBox 控件中的项目，其语法格式如下：

列表框名.AddItem 添加的项目[,下标]

参数说明如下。

添加的项目：添加到列表中的字符串表达式，若是常量则用引号括起来。

下标：插入项在列表中的位置，默认将添加到当前所有项目的末尾。

注意：Sorted 属性设置为 True 后，使用带有索引参数的 AddItem 方法可能导致不可预料的非排序结果。

（2）RemoveItem 方法。使用 RemoveItem 方法可以删除列表框控件中的项目，其语法格式如下：

列表框名.RemoveItem 要删除项的下标

例如，要删除列表中的第一个项目，可添加如下代码：

```
List1.RemoveItem 0
```

（3）Clear 方法。Clear 方法用于清除列表框的全部内容。

3.常用事件

列表框控件接受 Click 和 DblClick 等事件。

在 Windows 下看见的"打开文件"对话框中，既可以直接双击某一文件名打开该文件，也可以在列表框中先选中该文件，然后单击"确定"按钮。因此，对于列表框事件，特别是当列表框作为对话框的一部分出现时，用户可以考虑使用以下两种方法之一。

（1）建议添加一个命令按钮，并把该按钮同列表框并用。即用户先在列表框中选中一个项目，然后单击命令按钮打开该项目。

（2）用户双击列表中的项目也可以打开该项目。为此，应在列表框控件的 DblClick 过程中调用命令按钮的 Click 过程。

4.2.5 组合框

组合框控件将文本框和列表框的功能结合在一起。有了这个控件，用户可以通过在组合框中输入文本来选定项目，也可以从列表中选定项目。

1. 常用属性

（1）Style 属性，用于设置组合框的样式。每种样式都可以在设计时或运行时设置，而且每种样式都使用数值或相应的 Visual Basic 常数来设置组合框的样式。

vbComboDropDown：下拉式组合框，允许用户输入。

vbComboSimple：简单组合框。

vbComboDropDownList：下拉式列表框，不允许用户输入。

（2）Text 属性，运行时用于获取组合框中当前选定项的内容，或者存储用户从文本框部分输入的内容。

（3）其他属性，如 List、ListCount、ListIndex、Sorted 属性等同列表框类似。

2. 常用方法

常用方法有 AddItem、RemoveItem 和 Clear 方法，与列表框类似。

3. 常用事件

（1）Click 和 DblClick 事件（与列表框类似）。

（2）Change 事件。Change 事件仅在 Style 属性设置为 0 或 1 和正文被改变或者通过代码改变了 Text 属性的设置时才会发生。

【例 4.2.3】 设计如图 4.2.5 所示的界面，界面包括两个标签、一个组合框、一个文本框和三个命令按钮，可以进行选修课程的选择、添加和删除的操作。

程序代码如下：

图 4.2.5 组合框的使用

```
Private Sub Form_Load()
     Combo1.AddItem "社交"
     Combo1.AddItem "市场营销"
     Combo1.AddItem "音乐鉴赏"
     Combo1.AddItem "大学生心理"
     Combo1.AddItem "美学与艺术"
     Combo1.Text = ""                      '置空值
     Text1.Text = Combo1.ListCount         '列表项个数
End Sub
Private Sub command1_click()              '"添加"
     If Len(Combo1.Text) > 0 Then
          Combo1.AddItem Combo1.Text
          Text1.Text = Combo1.ListCount
```

```
        End If
        Combo1.Text = ""
        Combo1.SetFocus                           '设置焦点
    End Sub
    Private Sub command2_click()                  '"删除"
        Dim ind As Integer
        ind = Combo1.ListIndex
        If ind <> -1 Then                         '-1表示无列表项
            Combo1.RemoveItem ind                 '删除已选定的列表项
            Text1.Text = Combo1.ListCount
        End If
    End Sub
    Private Sub command4_click()                  '"退出"
        End
    End Sub
```

说明: 通常在 Form_Load 事件过程中添加列表项目,也可以在任何时候使用 AddItem 方法动态地添加项目。

4.2.6　水平滚动条和垂直滚动条

有了滚动条,就可以在应用程序或控件中水平或垂直滚动,能够相当方便地巡视一长列项目或大量信息。滚动条为那些不能自动支持滚动的应用程序和控件提供了滚动功能。

1. 常用属性

(1)Min 和 Max 属性。Max 和 Min 属性定义了滚动条控件的范围,可指定-32768~32767 范围内的一个整数。

Max:返回或设置当滚动块处于底部或最右位置时,其 Value 属性最大设置值,默认值为 32767。

Min:返回或设置当滚动块处于顶部或最左位置时,其 Value 属性最小设置值,默认值为 0。

(2)LargeChange 和 SmallChange 属性。单击滚动条两边的空白区域或按 PageUp 和 PageDown 键时,每次移动的距离大小由 LargeChange 属性设置;单击滚动条两端箭头时,每次移动的距离大小由 SmallChange 属性设置。

(3)Value 属性。该属性用于设置滚动块在运行时的位置值,可将 Value 属性设为 0~32767(包括 0 和 32767)的某个数值。滚动条的 Value 属性增加或减少的长度由 LargeChange 和 SmallChange 属性设置的数值确定。

2. 常用事件

(1)Change 事件。Change 事件跟踪滚动条的动态变化,当移动滚动块、单击滚动条两端箭头、滚动块两边的空白区域或通过代码改变 Value 属性的设置值时发生。

(2)Scroll 事件。在拖动滚动块的过程中或通过代码改变 Value 属性而引发的事件。单击滚动条两端箭头和滚动块两边的空白区域时不触发此事件。可用 Change 事件得到滚动条的最终位置。

【例 4.2.4】　设计如图 4.2.6 所示的界面,界面包括两个标签、一个文本框和一个水平滚动条,通过对滚动条的操作实现文本框中字号大小的改变。

在属性窗口设置水平滚动条的属性如下:

```
Min=4
Max=100
largeChange=4
SmallChange=2
```

图 4.2.6　滚动条的使用

程序代码如下：

```
Private Sub HScroll1_Change()
    Text1.FontSize = HScroll1.Value
    Label2.Caption = HScroll1.Value
End Sub
```

想想议议：如果滚动条的 Max 设置值小于 Min 的值，结果会怎样？

4.2.7　定时器控件

定时器控件独立于用户，响应时间的流逝，按一定的时间间隔执行操作。此控件用来完成检查系统时钟、判断是否该执行某项任务、进行后台处理等工作。

1. 常用属性

(1) Enabled 属性：决定定时器开/关的属性。若要窗体一加载定时器就开始工作，则应将此属性设置为 True，否则保持此属性为 False。

(2) Interval 属性：决定定时器事件之间的毫秒数，取值范围为 0～65535，即最长的间隔约 65.5s。例如，本项目实例中的 Timer1 定时器控件的 Interval 属性值在属性窗口中设置为 50ms，也可以在 Form_Load 事件中赋值：Timer1.Interval = 50。

2. 常用事件

Timer 事件是 Timer 控件唯一的事件。每经历 Timer 控件的 Interval 时间间隔后，Visual Basic 就会发生 Timer 事件。

【例 4.2.5】　在窗体上添加一个标签和一个定时器控件，实现滚动字幕效果，如图 4.2.7 所示。

图 4.2.7　定时器控件的使用

程序代码如下：

```
Private Sub Form_Load()
    Label1.Caption = "欢迎使用学生管理系统"      '设置所要滚动的文字
    Timer1.Interval = 10                         '设定时间间隔为10ms
End Sub
Private Sub Timer1_Timer()
    Label1.Left = Label1.Left + 20               '标签字幕向右移动
    If Label1.Left > Form1.Width Then            '判断是否超长窗体宽度
        Label1.Left = -Label1.Width              '标签字幕回到左侧，重新开始
    End If
End Sub
```

4.2.8　图片框

图片框 (PictureBox) 是用来在窗体上显示图像，或作为容器放置其他控件的控件。

图片框控件可以显示以 bmp、ico、wmf、emf 和 gif 等为扩展名的图形文件。

1. 常用属性

（1）Picture 属性。Picture 用来设置装入或删除图形文件。

装入图形：[对象].Picture=LoadPicture("图形文件")语句，或在属性窗口直接设置 Picture 属性。

删除图形：[对象].Picture=LoadPicture("")语句，或在属性窗口直接删除 Picture 属性值，即在属性窗口中将 Picture 属性值重新设置为 None。

对象间图片的复制（Set 语句）：Set [对象].Picture=[对象].Picture。

（2）AutoSize 属性。AutoSize 属性用于控制图片框是否自动调整大小使之与显示的图片匹配，当 AutoSize 属性设置为 True 时，图片框可自动调整大小。

2. 常用方法

可以使用 Print 方法或其他作图方法在图片框上输出文字或图形。

4.2.9 图像框

图像框（Image）是用来在窗体上显示图像的控件，它比图片框占用更少的内存，因为图像框不是容器类控件，所以图像框内不能保存其他控件。

1. 常用属性

（1）Picture 属性。Picture 属性与图片框相同。

（2）Stretch 属性。Stretch 属性用于确定图像框与所显示的图片是否自动调整大小使其相互匹配，当 Stretch 属性设置为 True 时，图形可自动调整尺寸，以适应图像框的大小；当 Stretch 属性值为 False 时，图像框可自动改变大小，以适应所显示的图片。

2. 常用方法

图像框可以响应的事件有 Click 和 DblClick。

注意：图片框、图像框和窗体都能装载图片，但调整图片大小时它们之间有区别。

（1）图片框通过 AutoSize 属性设置控件是否按装入的图片大小自动调整尺寸。

（2）图像框通过 Stretch 属性设置控件是否按装入的图片大小自动调整尺寸。

（3）窗体则不随装载的图片大小而自动改变，图片大于窗体的部分将被裁剪。

【例 4.2.6】 在窗体上添加两个命令按钮、一个图片框和一个图像框，实现图片的装载和复制，如图 4.2.8 所示。

程序代码如下：

图 4.2.8 图片框与图像框的使用

```
Private Sub Command1_Click()
    Picture1.Picture = LoadPicture(App.Path & "\tuzi.jpg")    '图片的装载
End Sub
Private Sub Command2_Click()
    Set Image1.Picture = Picture1.Picture                     '图片的复制
End Sub
```

说明：Set Image1.Picture = Picture1.Picture 等价于 Image1.Picture = Picture1.Picture。

想想议议：VB 中可以作为容器的控件有哪些？

4.3　项目　档案管理之菜单设计

【项目目标】

本项目实例主要任务是为"档案管理"界面添加菜单栏，如图4.3.1所示。

【项目分析】

本项目实例主要运用VB 6.0所提供的菜单编辑器为窗体添加菜单栏。

"档案管理"界面菜单栏包括"文件"、"格式"两个主菜单，其中"文件"菜单中包括"打开"、"保存"、"另存为"和"退出"子菜单，在"文件"菜单中可以动态显示最近打开过的文件名；"格式"菜单中包括"字体"和"颜色"子菜单，并且"字体"和"颜色"子菜单项还有下一级子菜单。

【项目实现】

1.　添加菜单栏

双击"工程资源管理器"中的Form4(档案管理)窗体，进入Form4的窗体设计状态，选择"工具"→"菜单编辑器"命令，打开"菜单编辑器"对话框，如图4.3.2所示。按照表4.3.1建立各个菜单项，单击"下一个"按钮或"插入"按钮建立下一个菜单项，单击左右箭头按钮 ← | → 可调整菜单项的层次。

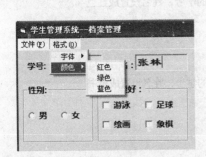

图4.3.1　带菜单栏的档案管理界面

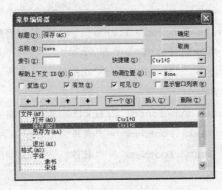

图4.3.2　"菜单编辑器"对话框

表4.3.1　"档案管理"界面的菜单结构

标题	名称	快捷键	有效	可见
文件(&F)	File	无	True	True
打开(&O)	Open	Ctrl+O	True	True
保存(&S)	Save	Ctrl+S	True	True
另存为(&A)	Saveas	无	True	True
-	Line1	无	True	True
退出(&X)	Exit	无	True	True
格式(&O)	Style	无	True	True
字体	Fontn	无	True	True
隶书	Fontn1	无	True	True
宋体	Fontn2	无	True	True
颜色	Color	无	True	True
红色	Red	无	True	True
绿色	Green	无	True	True
蓝色	Blue	无	True	True

2. 编写对象事件过程代码

菜单只能响应单击事件，当完成菜单编辑后，在窗体设计状态下，单击菜单项就可以在代码编辑器中对菜单命令进行代码编写，以完成其对应的功能。

说明："文件"菜单中的"打开"、"保存"和"另存为"命令的代码编写涉及有关文件的知识将在第 5 章中进行讲解。

程序代码如下：

```
Private Sub exit_Click()          '卸载当前的Form4窗体，显示主窗口Form2
    Form4.Hide
    Form2.Show
End Sub
Private Sub green_Click()         '将要输入的学号、姓名设置成绿色
    Text1.ForeColor = vbGreen
    Text2.ForeColor = vbGreen
End Sub
Private Sub blue_Click()          '将要输入的学号、姓名设置成蓝色
    Text1.ForeColor = vbBlue
    Text2.ForeColor = vbBlue
End Sub
Private Sub red_Click()           '将要输入的学号、姓名设置成红色
    Text1.ForeColor = vbRed
    Text2.ForeColor = vbRed
End Sub
Private Sub fontn1_Click()        '将要输入的学号、姓名设置成隶书
    Text1.FontName = "隶书"
    Text2.FontName = "隶书"
End Sub
Private Sub fontn2_Click()        '将要输入的学号、姓名设置成宋体
    Text1.FontName = "宋体"
    Text2.FontName = "宋体"
End Sub
```

4.3.1 菜单的基本概念

菜单是用户界面最重要的元素，它们使用户界面更加友好、直观。大多数应用程序都含有菜单，并通过菜单为用户提供命令。在实际应用中，菜单可分为两种基本类型，一种是下拉式菜单，另一种是弹出式菜单。下拉式菜单一般通过单击菜单栏中的菜单标题打开；弹出式菜单则通过右击某一位置的方式打开。

菜单在窗口内不仅方便、直观，而且可以使用户设计的窗口更加标准。

1. 菜单栏

菜单栏在窗口标题栏下方，由一个或多个菜单标题组成。

2. 菜单标题

单击菜单标题(如"文件")时，将打开一个包含菜单项的下拉列表。

3. 菜单项

菜单项隶属于菜单标题，它可以包含菜单命令、分隔线、子菜单标题及其下的子菜单项。另外，菜单及菜单项还有访问键、快捷键等，还有一种独立于菜单栏的快捷菜单。

4.3.2 菜单编辑器

用菜单编辑器可以创建新的菜单和菜单栏、在已有的菜单上增加新命令、用自己的命令来替换已有的菜单命令，以及修改和删除已有的菜单和菜单栏。

1. 菜单编辑器的启动

从"工具"菜单中选择"菜单编辑器"命令或在工具栏上单击"菜单编辑器"按钮即可打开菜单编辑器。

2. 菜单编辑器的组成及作用

(1)标题：运行时菜单项上显示的文字，即 Caption 属性。如果菜单项有访问键，则应在相应字母前加&字符，例如，标题为"成绩管理(&C)"，则菜单上显示"成绩管理(C)"，可以按 Alt+C 键打开该菜单。如果要在菜单中设置分隔线，应将作为分隔线的菜单项的标题设置为一个连接符"-"。

注意：不能为顶层菜单设置快捷键。

(2)名称：菜单名称，用来唯一识别该菜单项，程序中用来引用该菜单项。

(3)索引：如果建立菜单控件数组，必须设置该属性。

(4)快捷键：用于选择菜单项对应的快捷键，快捷键将显示在菜单项的后面，快捷键按下时会立刻运行一个菜单项。缺省值为 None，表示没有快捷键。

(5)复选：用于设定该菜单项是否被选中。在运行时，选中的菜单项前面将有一个复选标志"√"。运行时可通过代码的 Checked 属性来设定每个菜单项的复选状态。

(6)有效：用于设定该菜单项是否对事件作出响应。运行时可通过代码的 Enabled 属性来设定每个菜单项的有效状态。

(7)可见：用于设定该菜单项是否可见。运行时可通过代码的 Visible 属性来设定每个菜单项是否可见。

(8)菜单项移动按钮：左移、右移按钮可以调整菜单项的层次，在菜单列表框中用"…"来标识。上移、下移按钮可以调整菜单项在菜单列表框中的排列位置。

(9)"下一个"按钮：单击该按钮，光标从当前菜单项移到下一项。如果当前菜单项是最后一项，则添加一个新的菜单项。

(10)"插入"按钮：在当前选择的菜单项前插入一个新的菜单项。

(11)"删除"按钮：删除当前选中的菜单项。

4.3.3 菜单的制作

首先对菜单进行设计，然后进行如下操作。

1. 在菜单编辑器中制作菜单

(1)选取要添加菜单栏的窗体。

(2)从"工具"菜单中选取"菜单编辑器"命令，或者在"工具栏"上单击"菜单编辑器"按钮。

(3)在"标题"文本框中输入希望在菜单栏上显示的文本。如果希望某一字符成为该菜单项的访问键，也可以在该字符前面加上一个&字符，如"文件(&F)"。

注意： 菜单中不能使用重复的访问键。如果多个菜单项使用同一个访问键，则该键将不起作用。

(4)在"名称"文本框中输入将用来在代码中引用该菜单控件的名字。

注意： 为了使代码更具可读性且易维护，在菜单编辑器中设置 Name 属性时，最好用前缀来标识菜单对象，如 mun；其后紧跟顶层菜单标题的名称，如 File。对于子菜单，其后紧跟该子菜单的标题，如 munFileOpen。

(5)单击向左或向右箭头按钮可以改变该控件的缩进级，从而创建子菜单。所创建的每个菜单最多可以包含 5 级子菜单，子菜单会分支出另一个菜单以显示它自己的菜单项。

(6)如果需要，还可以设置控件的其他属性，如为菜单设置快捷键等。

(7)单击"下一个"按钮就可以再建一个菜单控件；或者单击"插入"按钮可以在现有的菜单控件之前增加一个菜单控件；也可以单击向上与向下箭头按钮，在现有菜单控件之中上下移动菜单项位置。

(8)如果窗体所有的菜单控件都已创建，则单击"确定"按钮可关闭菜单编辑器。

2. 运行时创建和修改菜单

设计时创建的菜单也能动态地响应运行时的条件，所以运行时可以编写应用程序，实现菜单项可见或不可见控制以及增加或删除菜单项操作。菜单控件只有一个 Click 事件，当用户选取一个菜单控件时，一个 Click 事件出现。需要在代码中为每个菜单控件编写一个 Click 事件过程，除分隔符以外的所有菜单控件都能识别 Click 事件。

说明： 一般情况下，没有必要为一个菜单标题的 Click 事件过程编写代码，除非想执行其他操作，例如，每次显示菜单时使某些菜单项无效。

想想议议： 菜单控件具有哪些属性？与基本控件有哪些区别？

4.3.4 弹出式菜单

弹出式菜单是独立于菜单栏而显示在窗体上的浮动菜单。在弹出式菜单上显示的项目取决于按下鼠标右键时指针所处的位置；因而，弹出式菜单也被称为上下文菜单或快捷菜单。在 Windows 中，可以通过右击来激活快捷菜单。

1. 显示弹出式菜单

在运行时，至少含有一个菜单项的任何菜单都可以作为弹出式菜单被显示。为了显示弹出式菜单，可使用 PopupMenu 方法，其语法格式如下：

[对象名.]PopupMenu 菜单名 [,flags[,x[,y[,要加粗的菜单项]]]]

参数说明如下。

(1)flags：定义弹出式菜单的位置与性能(行为)。表 4.3.2 列出了可用于描述弹出式菜单的 flags 参数。

(2)要加粗的菜单项：指定在显示的弹出式菜单中想以粗体字体出现的菜单控件的名称。在弹出式菜单中只能有一个菜单控件被加粗。

(3)x和y：指定弹出式菜单的位置坐标，默认为当前鼠标的坐标。

表 4.3.2　flags 参数

位置常数	值	描述
VbPopupMenuLeftAlign	0	默认。指定的 x 位置定义了该弹出式菜单的左边界
VbPopupMenuCenterAlign	4	弹出式菜单以指定的 x 位置为中心
VbPopupMenuRightAlign	8	指定的 x 位置定义了该弹出式菜单的右边界
VbPopupMenuLeftButton	0	默认。用户单击时显示弹出式菜单
VbPopupMenuRightButton	2	用户单击或右击时显示弹出式菜单

要指定一个标志，应先从每组中选取一个常数，再用 Or 操作符将它们连起来。

例如，下面的语句可以显示弹出式菜单：

```
PopupMenu mnfile, vbPopupMenuCenterAlign Or vbPopupMenuRightButton
```

2. 用 MouseUp 或者 MouseDown 事件来检测何时执行了右击操作

【例4.3.1】　在项目实例中右击窗体时，显示"格式"弹出式菜单，如图4.3.3所示。

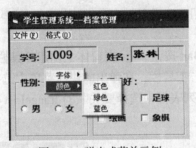

图 4.3.3　弹出式菜单示例

```
Private Sub Form_ MouseDown(Button As Integer, Shift As _
                     Integer,X As Single,Y As Single)

    If Button = 2 Then              '检查是否右击
        PopupMenu style             '把"格式"菜单显示为一个弹出式菜单
    End If
End Sub
```

注意： 每次只能显示一个弹出式菜单。

4.4　项目 档案管理之工具栏设计

【项目目标】

本项目实例主要任务是为档案管理界面添加工具栏，如图 4.4.1 所示。

【项目分析】

本项目实例主要运用 VB 6.0 所提供的 ActiveX 控件中工具栏控件为窗体添加工具栏。工具栏要完成"打开"、"保存"、"字体设置"等操作功能。

【项目实现】

1.添加工具栏

双击"工程资源管理器"中的 Form4(档案管理)窗体,进入 Form4 的窗体设计状态。

(1)选择"工程"→"部件"命令,选中"Microsoft Windows Common Controls 6.0"控件,并添加到工具箱,如图 4.4.2 所示。

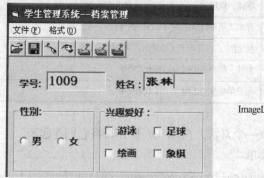

图 4.4.1 带工具栏的档案管理界面

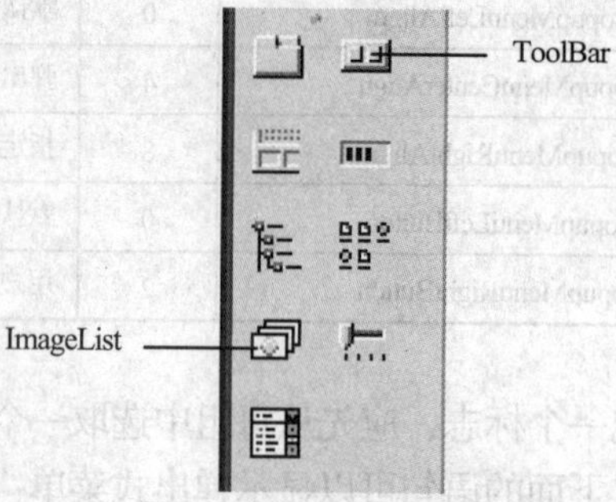

图 4.4.2 添加完工具栏的工具箱

(2)双击工具箱中的 ImageList 按钮 ▱ ,在窗体上创建 ImageList 控件,右击 ImageList 控件,在弹出的快捷菜单中选择"属性"命令,打开 ImageList 控件的"属性页"对话框,在其"图像"选项卡中单击"插入图片"按钮,选择需要的所有图片,在"关键字"文本框中输入图像的标识名,如图 4.4.3 所示。

(3)双击工具箱中的 ToolBar 按钮 ▱ ,在窗体上创建工具栏(在默认情况下,工具栏会紧紧地贴着窗体的标题栏)。右击工具栏,在弹出的快捷菜单中选择"属性"命令,在"通用"选项卡中的"图像列表"下拉列表框中选择要关联的 ImageList 控件的名称 ImageList1,如图 4.4.4 所示。

图 4.4.3 ImageList 控件的"属性页"对话框

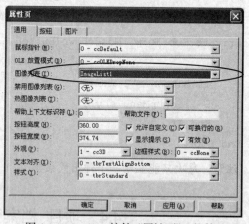

图 4.4.4 ToolBar 控件"属性页"对话框的"通用"选项卡

(4)在 ToolBar 控件的"属性页"对话框中打开"按钮"标签,单击"插入按钮"按钮,在工具栏上添加一个空白按钮,设置相应的"标题"和"关键字"。在"图像"文本框中输入 ImageList 控件中图像的关键字或索引值。重复上述操作添加更多按钮,并将图像赋给新添加的 Button 对象,如图 4.4.5 所示。

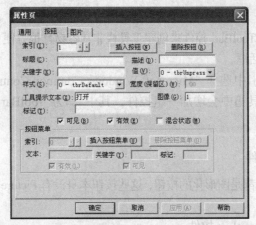

图 4.4.5　ToolBar 控件"属性页"对话框的"按钮"选项卡

2. 编写对象事件过程代码

当用户单击工具栏按钮时，会触发 ButtonClick 事件。可以用按钮的"索引"属性或"关键字"属性标识被单击的按钮。

程序代码如下：

```
Private Sub Toolbar1_ButtonClick(ByVal Button As MSComctlLib.Button)
    Select Case Button.Index
        Case 1
            '打开文件操作，将在第5章文件中实现
        Case 2
            '保存文件操作，将在第5章文件中实现
        Case 3
            Text1.FontName = "隶书"
            Text2.FontName = "隶书"
        Case 4
            Text1.FontName = "宋体"
            Text2.FontName = "宋体"
        Case 5
            Text1.ForeColor = vbRed
            Text2.ForeColor = vbRed
        Case 6
            Text1.ForeColor = vbGreen
            Text2.ForeColor = vbGreen
        Case 7
            Text1.ForeColor = vbBlue
            Text2.ForeColor = vbBlue
    End Select
End Sub
```

4.4.1　添加工具栏控件组

要在窗体上添加工具栏，首先应该在设计时向工具箱中添加"Microsoft Windows Common

Controls 6.0" 控件。

Visual Basic 中使用 ToolBar 控件来创建工具栏非常容易且很方便，创建工具栏的步骤如下。

（1）打开"部件"对话框。

（2）在"控件"选项卡中选择"Microsoft Windows Common Controls 6.0"选项，单击"确定"按钮退出后，在工具箱中会增加一组控件，其中 ▦ 为 ToolBar 控件，▱ 为 ImageList 控件。

4.4.2　添加 ImageList 控件

工具栏上的命令按钮都是图形化的按钮，这些按钮本身没有 Picture 属性，按钮所需要的图形由 ImageList 控件提供。

（1）在窗体上添加 ImageList 控件。

（2）右击 ImageList 控件，在弹出的快捷菜单中选择"属性"命令，打开 ImageList 控件的"属性页"对话框。

（3）选择"图像"选项卡。

（4）单击"插入图片"按钮，显示"选定图片"对话框。

（5）在该对话框中找到相应的位图或图标，单击"打开"按钮。

（6）在"关键字"文本框中输入一个字符串，为该图像赋予 Key 属性。

（7）重复步骤（4）~步骤（6），直到将所需图像添加到该控件中。

（8）图片添加完成后，单击"确定"按钮退出。

4.4.3　工具栏添加按钮

1. 双击 ▦ 按钮向窗体添加一个工具栏

在默认情况下，工具栏会紧紧地贴着窗体的标题栏。如果在属性窗口中将其 Appearance 和 BorderStyle 属性都设置为 1，可以使工具栏更加突出、漂亮。

2. 将 ImageList 与 ToolBar 控件关联

（1）在窗体上选中 ToolBar 控件，然后打开"视图"菜单，选择"属性页"命令或右击该控件，在弹出的快捷菜单中选择"属性"命令，这时显示出该控件的"属性页"对话框。

（2）在"通用"标签下的"图像列表"下拉列表框中选择要关联的 ImageList 控件的名称。

（3）单击"确定"按钮退出。

3. 将图像赋给 Button 对象

（1）在 ToolBar 控件的"属性页"对话框中单击"按钮"标签。

（2）单击"插入按钮"按钮，在工具栏上添加一个空白按钮。

（3）在"图像"文本框中输入 ImageList 控件的 Key 值（在其"属性页"中的 Key 值）。

（4）在"关键字"文本框中输入按钮的 Key 值（用来区别按钮，必须唯一）。

（5）若需要还可在"工具提示文本"文本框中输入按钮的简短提示。

（6）单击"应用"按钮，此时空白按钮上出现相应的图案。

（7）重复步骤（2）~步骤（4）添加更多的按钮，并将图像赋给新添加的 Button 对象。

另外，在"属性页"的"样式"下拉列表框中还可设定 Button 对象的 Style 属性，它决定了按钮的行为特点，表 4.4.1 列出了 6 种按钮的样式及其说明。

表 4.4.1　6 种按钮样式及其说明

常数	值	说明
TbrDefault	0	默认样式。如果按钮所代表的功能不依赖于其他功能，则使用 Default 按钮样式。另外，如果按钮被按下，在完成功能后它会自动弹回
TbrCheck	1	当按钮代表的功能是某种开关类型时，可使用 Check 样式。如果按下了该按钮，那么再次按下该按钮之前，它将保持按下状态
TbrButtonGroup	2	当一组功能相互排斥时，可以使用 ButtonGroup 样式。相互排斥的意思是一组功能同时只能有一个有效。例如，文本对齐方式中的左对齐、右对齐或居中，在任何时刻都只有一种样式
TbrSeparator	3	分隔符类型，只是创建宽度为 8 像素的按钮，此外没有任何功能。分隔符样式的按钮可以将其他按钮分隔开
ThrPlaceholder	4	占位符样式按钮，它的功能是在 ToolBar 控件中占据一定位置，以便显示其他控件(如 ComboBox 控件或 ListBox 控件)
TbrDropDown	5	按钮菜单的样式，在按钮的旁边会有一个下拉按钮，运行时单击下拉箭头按钮可以打开一个下拉菜单，从中选择所需要的选项

4.4.4　为工具栏编写代码

实际上，工具栏上的按钮是控件数组，当用户单击按钮(占位符和分隔符样式的按钮除外)时，会触发 ButtonClick 事件。在该事件中用 Select Case 语句编写按钮的功能，可以用按钮的 Index 属性或 Key 属性标识被单击的按钮。

思 考 与 探 索

界面设计是人与机器之间传递和交换信息的媒介。在界面设计中使用了很多隐喻，如窗口、鼠标、菜单、工具栏等，这是软件设计中的艺术创造。

4.5　知 识 进 阶

设计应用程序除了以用户为中心，满足用户的需求外，美化界面一般依据界面设计原则进行，而赏心悦目的界面是由界面元素组成的，如何对这些元素进行设置是本节要介绍的内容。

4.5.1　界面所涉及的元素

一个漂亮的程序界面主要取决于色调和形状。色调主要指各种颜色的搭配，可以利用图片背景和渐变填充效果获得更丰富的视觉效果。形状主要指窗体的位置控制和外部轮廓控制，如磁性窗体、异形窗体、可变窗体、自动隐藏。在 VB 中，主要体现在一个对象的外观、位置、字体这几类属性上。

4.5.2　界面属性

首先，要熟悉 VB 常用控件的界面属性，也就是每个对象的外观属性，在 VB 6.0 的属性栏中，选择按分类排序，可以看到该对象所支持的外观属性。下面以常用的几个对象为例，介绍与界面相关的属性。

1. Form

(1) Appearance：如果在设计时将其设置为 1，那么 Appearance 属性在画出控件时带有三维效果。如果窗体的 BorderStyle 属性被设置为固定双边框(vbFixedDouble 或 3)，窗体的标题和边框也是以有三维效果的方式绘画的。将 Appearance 属性设置为 1，也导致窗体及其控件的

BackColor 属性被设置为这样的颜色，该颜色是为操作系统控制面板"颜色选项"中的按钮表面颜色选定的。将 MDIForm 对象的 Appearance 属性设置为1，只对 MDI 父窗体产生影响。如果需要在 MDI 子窗体上显示三维效果，则必须将每个子窗体的 Appearance 属性设置为 1。

(2) BackColor：返回或设置对象的背景颜色，可以选择使用系统外观颜色和调色板颜色。

(3) ForeColor：返回或设置在对象里显示图片和文本的前景颜色，可以选择使用系统外观颜色和调色板颜色。

(4) BorderStyle：返回或设置对象的边框样式。对 Form 对象和 TextBox 控件在运行时是只读的。其中，设置为0，即无边框，则整个窗体可由用户来重新规划设计其布局。将窗体对象的 Caption 属性设置为空，并将 ControlBox 属性设置为 False，也可以去掉标题栏。

(5) FillStyle：如果 FillStyle 设置为 1(透明)，则忽略 FillColor 属性，但是 Form 对象除外。

(6) 返回或设置用于填充形状的颜色：FillColor 也可以用来填充由 Circle 和 Line 图形方法生成的圆和方框。

(7) Picture：很重要的一个属性，可以设置背景图片，从而可以实现更绚丽的界面效果。

另外，通过设置漂亮的字体，也可轻易获得一些特殊效果。

说明：窗体的字体设置好以后，在该窗体上建立的一些控件会自动继承其字体属性，利用这一点可以提高开发效率。

2. Label

Label 基本上和 Form 对象的界面属性类似，关键是 BackStyle 比较重要，其透明属性对于制作漂亮的界面很方便。

3. CommandButton

CommandButton 基本上和 Form 对象的界面属性类似，关键是 Style 比较重要，将 Style 设置为 Graphical 便可以支持图形，有利于制作漂亮的界面。

4. Image 和 Picture

这两个对象本身就很适合制作漂亮的图形界面。

5. Frame

通过将其 BorderStyle 属性设置为 None，可以去掉边框，然后结合 Image 控件可以实现图形化。

6. CheckBox 和 Option

可通过其 Style 属性将其设置为支持图形的方式，从而适合于美化界面。

7. 其他对象

除了上面提到的几个常用对象之外，还有许多其他对象，也可充分利用其外观属性，使其更漂亮，但很多对象是不支持图形的，甚至有些对象的某些部分背景颜色也不可以改变。例如，FileListBox 的垂直滚动条默认的颜色就是灰色，无法直接改变。

VB 本声本身提供的 Microsoft Forms 2.0 Library 控件也对界面美化提供了强有力的支持。

说明：在 VB 中，要美化界面，首先要充分利用各控件的背景图片、前景色、背景色；其次要灵活地利用 Image 控件的图像属性对程序界面进行装饰。

4.5.3 统一管理 VB 控件的界面属性

可以制作一个外观类(clsFace)，用来控制整个程序的界面。clsFace 中提供了常用的界面属性，程序的各个界面部分均使用 clsFace 提供的外观属性。这样就可以用 clsFace 统一控制程序的界面风格。类似于网页设计中常用的 CSS，通过一个 CSS 文件，就可以方便地控制整个网站的界面风格。

(1)字体控制：建立 typeFont 数据类型，其中包含 FontName、FontSize、FontEffect。

(2)颜色控制：建立 typeColor 数据类型，其中包含 ForeColor、BackColor、MaskColor。

(3)图元控制：建立 typePic 数据类型，其中包含 FormIcon、FormPicutre、FillPicture。

这样，基本上就可以统一控制整个程序的界面风格了。如果属性不够，可以继续扩充，以满足实际需要。

此外，还可以利用皮肤控件，如 ActiveSkin。此控件很适合修饰现有的程序界面，同时具有通用性。VB 的一些 API 函数也可以实现美化应用程序界面的效果。

注意： 无论任何控件，都是对象，都是属性、事件和方法的封装体。因此，学习 VB 的目的不是学习多少控件(实际上也是学不完的)，而是要理解和掌握 VB 可视化界面设计思想，只有这样才能具备良好的自主学习能力。另外，任何一个应用程序都不可能用到所有的控件，而且在一个应用程序中使用过多种类的控件会显得更加零乱。因此，简洁的界面才是最美观的。

项 目 交 流

本章中的档案管理主要完成了档案管理用户界面的设计，如果你作为客户，你对本章中项目的设计满意吗(包括功能、界面和操作模式)？找出本章项目中不足的地方，加以改进。在对项目改进过程中遇到了哪些困难？组长组织本组人员讨论或与老师讨论改进的内容及改进方法的可行性，并记录下来。编程上机检测其正确性。

项目改进记录

序号	改进内容	改进方法
1		
2		
3		
4		
5		

交回讨论记录摘要。记录摘要包括时间、地点、主持人(组长，建议轮流担任组长)、参加人员、讨论内容等。

基本知识练习

一、简答题

1. 框架的作用是什么？如何在框架中创建控件？

2. 列表框和组合框有哪些区别？

3. 图片框和图像框有哪些区别？

4. 定时器每 30s 执行一次 Timer 事件，则 Interval 属性应设置为多少？

二、编程题

1. 设计一个调色板，用户可以通过三个滚动条来调整文本框的底色，如图 4.6.1 所示。
2. 以窗体为背景显示一只帆船行驶的画面，并且使用滚动条控制船速，如图 4.6.2 所示。

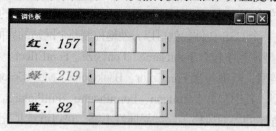

图 4.6.1　程序运行效果

图 4.6.2　程序运行效果

3. 如图 4.6.3 所示，单击按钮实现汽车的开车、倒车或移动。

图 4.6.3　程序运行效果

4. 如图 4.6.4 所示，实现字体格式的设置。
5. 如图 4.6.5 所示，选择商品的名称、规格、单价和数量，单击"添加"按钮可以添加到购物车。

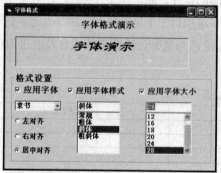

图 4.6.4　程序运行效果

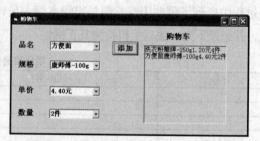

图 4.6.5　程序运行效果

能力拓展与训练

一、调研与分析

分小组分别对学生、辅导员、学工部工作人员等不同的使用对象进行充分调查，了解"学生管理系统"中"档案管理"模块都具体包括哪些方面，然后综合分析。考察内容要求如下。

(1)学生对档案查询功能的要求。

(2)辅导员对档案的录入、修改、查询等功能的要求。

(3)学工部工作人员对档案的后台管理功能的要求。

二、角色模拟

某书店想开发一个图书销售管理软件，分组扮演用户和研发人员进行项目需求分析，并初步设计出满足用户要求的用户界面。

三、自主学习与探索

1. 完成对文本框中文字进行格式设置的程序，主要要求如下，界面参考图 4.6.6 所示。

(1)利用 4 个组合框分别对文本框中的文本进行字体格式设置。

(2)文本框中的文本为"计算机技术基础主要讲授 VB 的基础知识和常用应用"。

2. 完成"红绿灯"程序设计，主要要求如下。

(1)红黄绿自动切换，延迟由文本框控制。

(2)时钟与图像框结合实现红绿灯的效果。

(3)界面简洁、颜色协调。

3. 完成一个"简单的 VB 考试系统"程序设计。参考界面如图 4.6.7 和图 4.6.8 所示，其他题型界面自定，但要求所有窗体界面美观、简洁、颜色协调、格调一致。

特别说明：程序中对于单选题要体现答对题或答错题给以提示功能，并能统计显示分数，按答对一题给 1 分，答错扣 1 分来计算。

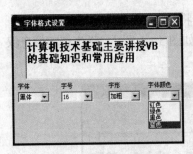

图 4.6.6 字体设置界面

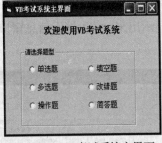

图 4.6.7 VB 考试系统主界面

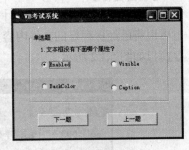

图 4.6.8 单选题界面

四、思辩题

1. 软件的功能越丰富越好吗？

2. 未来的世界计算机能代替人脑吗？

五、我的问题卡片

请把在学习中(包括预习和复习)思考和遇到的问题写在下面的卡片上，然后逐渐补充简要的答案。

问题卡片

序号	问题描述	简要答案
1		
2		
3		
4		
5		
6		
7		
8		
9		
10		

 你我共勉

不积跬步，无以至千里；不积小流，无以成江海。

——荀子

第 5 章　文　　件

> CPU只能读写内存，因此当程序运行时，程序所处理的数据必须存储在内存中。当程序结束或关机、断电时，内存中的数据就会丢失。为了永久保存数据，必须将数据存储在磁盘、光盘、闪存等不依赖于电源的外部存储器上。

5.1　项目　档案管理之信息存储

【项目目标】

本项目实例主要任务是设计完成档案管理中的信息存储。将学生档案信息保存在文件中，也可以将已经保存好的文件内容显示出来。学生档案信息窗口如图 5.1.1 所示，学生档案信息保存窗口如图 5.1.2 所示。

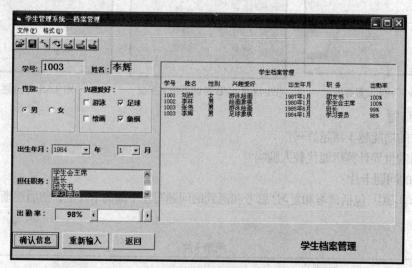

图 5.1.1　学生档案信息窗口

图 5.1.2　学生档案信息保存窗口

【项目分析】

本项目实例主要运用了 VB 6.0 文件的相关知识。

修改档案管理窗口，添加通用对话框。选择"文件"菜单中的"打开"、"保存"和"另存为"命令或者单击工具栏中的"打开"、"保存"按钮，可以对所输入的信息进行打开和保存操作。

【项目实现】

1. 程序界面设计

选择"工程"菜单中的"部件"命令，选中"Microsoft Common Dialog Control 6.0"复选框，将 CommonDialog 按钮■添加到工具箱中。双击工具箱中的 CommonDialog 按钮■，在窗体上添加一个通用对话框控件；双击工具箱中的命令按钮，在窗体上添加一个命令按钮。

2. 界面对象属性设置

参照图 5.1.1 设置相关对象属性。

3. 编写对象事件过程代码

双击"工程资源管理器"窗口中的 Form4，使 Form4 成为当前设计窗体，以下是 Form4 档案管理窗口的代码设置。

(1)在代码窗口"通用"区设置模块级变量如下：

```
'通用区域，定义了一个有关学生信息的自定义数据类型和变量
Private Type Student
        xh As String *6                '学号
        xm As String *6                '姓名
        xb As String *4                '性别
        xq As String *12               '兴趣爱好
        rq As String *10               '出生日期
        zw As String *10               '职务
        cql As String *6               '出勤率
End Type
Dim stu As Student                     '定义为自定义类型变量
Dim lastrecord As Integer              '当前记录号
Dim openfile As String                 '打开文件名
```

(2)编写三个子过程分别实现"显示文件信息"、"保存文件信息"和"将控件信息赋值给变量"功能：

```
Sub showfile() '子过程完成显示文件信息
    Open openfile For Random As #1 Len = Len(stu)
            Picture1.Cls
            Picture1.AutoRedraw = True
            Picture1.Print
            Picture1.Print Tab(34); "学生档案管理"
            Picture1.Print
            Picture1.Print Tab(2); "学号 "; Tab(8); " 姓名 "; Tab(17); "性别 "; _
                            Tab(24); " 兴趣爱好 "; Tab(43); " 出生年月 "; _
```

```vb
                            Tab(57); "职 务 "; Tab(72); "出勤率"
            Picture1.Print "-----------------------------------------------"
            Do While Not EOF(1)
                i = i + 1
                Get #1, i, stu
                Picture1.Print Tab(2); stu.xh; Tab(8); stu.xm; Tab(17); stu.xb; _
                              Tab(24); stu.xq; Tab(43);stu.rq; Tab(57); _
                              stu.zw; Tab(72); stu.cql
            Loop
        Close #1
    End Sub
    Sub savefile()      '子过程完成保存文件信息
        Open openfile For Random As #1 Len = Len(stu)
        lastrecord = LOF(1) / Len(stu)
        lastrecord = lastrecord + 1
        Put #1, lastrecord, stu
        MsgBox "保存成功! ", , "消息框"
        Close #1
    End Sub
    '子过程完成，将控件信息赋值给变量，并通过档案信息窗口中的图片框输出
    Sub obj_to_var()
        stu.xh = Text1
        stu.xm = Text2
        stu.xb = IIf(Option1.Value, "男", "女")
        stu.xq = IIf(Check1.Value, Check1.Caption, "") & _
            IIf(Check2.Value, Check2.Caption, "") & _
            IIf(Check3.Value, Check3.Caption, "") & _
            IIf(Check4.Value, Check4.Caption, "")
        stu.rq = Combo1.Text & "年" & Combo2.Text & "月"
        stu.zw = List1.Text
        stu.cql = HScroll1.Value & "%"
    End Sub
```

(3)菜单中"打开"、"保存"和"另存为"操作的实现：

```vb
Private Sub save_Click()      '"保存"菜单操作
    Call obj_to_var
'以下代码将信息写入dat文件
    If openfile = "" Then
        CommonDialog1.Filter = "dat|*.dat"
        CommonDialog1.DefaultExt = "dat"
        CommonDialog1.ShowSave
        openfile = CommonDialog1.FileName
        If openfile = "" Then
            Exit Sub
```

```
        Else
            Call savefile
            Call showfile

        End If
    Else
        Call savefile
        Call showfile
    End If
        Close #1
End Sub
Private Sub saveas_Click()        ' "另存为" 菜单操作
    CommonDialog1.Filter = "dat|*.dat"
    CommonDialog1.DefaultExt = "dat"
    CommonDialog1.ShowSave
    openfile = CommonDialog1.FileName
    If openfile = "" Then
        Exit Sub
    Else
        Call savefile
        Call showfile
    End If
End Sub
```

(4) 工具栏中 "打开" 和 "保存" 操作的实现：

```
Private Sub Toolbar1_ButtonClick(ByVal Button As MSComctlLib.Button)  '工具栏操作
    Select Case Button.Index
        Case 1
            Call open_Click                          '调用 "打开文件" 子过程
        Case 2
            Call save_Click                          '调用 "保存文件" 子过程
        Case 3
            Text1.FontName = "隶书"
            Text2.FontName = "隶书"
        Case 4
            Text1.FontName = "宋体"
            Text2.FontName = "宋体"
        Case 5
            Text1.ForeColor = vbRed
            Text2.ForeColor = vbRed
        Case 6
            Text1.ForeColor = vbGreen
            Text2.ForeColor = vbGreen
        Case 7
```

```
                Text1.ForeColor = vbBlue
                Text2.ForeColor = vbBlue
        End Select
End Sub
```

5.1.1　文件的基本概念和结构

1. 基本概念

文件是指存储在计算机介质上的一组信息的集合，操作系统是以文件为单位对数据进行管理的。

2. 文件的结构

(1)字符。字符是数据文件中的最小信息单位，如单个数字、字节等。一个汉字一般相当于两个字符。

(2)字段。字段是由几个字符组成的一项独立的数据，如姓名、学号、分数等。

(3)记录。记录是由若干相互关联的字段组成的一个逻辑单位。例如，进行学生成绩管理时，每个学生的学号、姓名、各科成绩等信息组成一个记录。

(4)文件。文件是一个以上相关记录的集合。例如，上述若干学生记录就组成一个文件。

5.1.2　文件的分类

Visual Basic 根据访问文件的方式将文件分成 3 类：顺序文件、随机文件和二进制文件。

1. 顺序文件

顺序文件是普通的正文文件，其中的记录按顺序排列，且只提供第 1 个记录的存储位置，其他记录的位置无法获悉。要在顺序文件中找一个记录，必须从头依次读取，直到找到该记录为止。

2. 随机文件

随机文件是可以按任意顺序读取的文件，每个记录都有相同的长度和一个记录号。存入数据时，只要指明是第几个记录号，即可直接将数据存入指定的位置；读取数据时，只要知道记录号，就可以直接读取记录。

3. 二进制文件

二进制文件是字节的集合，适用于读写任意有结构的文件。二进制访问允许使用文件来存储所希望的数据。除了没有数据类型或者记录长度的含义外，它与随机文件很相似。为了能够正确地对它进行检索，必须精确地知道数据是如何写到文件中的。这类文件的灵活性最大，但程序的工作量也最大。

5.1.3　顺序文件的操作

顺序文件适合处理只包含文本的文件，不适合存储很多数字，因为每个数字都是按字符串存储的。对于经常修改内容的文件，最好不要用顺序文件存储方式。

1. 打开顺序文件

可用 Open 语句打开顺序文件，其语法格式如下：

```
Open 文件名 For [Input|Output|Append] As [#]文件号
```

参数说明如下。

（1）文件名：文件名可包括目录、文件夹及驱动器，可以为字符串常量或字符变量。

（2）Input：从文件中读取字符，该文件必须已存在。

（3）Output：向文件输出字符，输出的内容重写整个文件，文件原有内容丢失。

（4）Append：在文件最后追加字符，文件原有内容不丢失。

（5）文件号：是 1～511 的整数。当打开一个文件并为它指定一个文件号后，该文件号就代表该文件，直到文件被关闭后，此文件号才可以再被其他文件使用。

注意：

①以 Output 或 Append 模式打开的文件不存在时，Open 语句会先创建该文件，再打开。

②以 Input、Output 或 Append 方式打开文件后，且在以其他方式重新打开该文件前，必须先用 Close 语句关闭文件。

例如，下面的代码以顺序输入方式打开 test 文件，文件号为 1：

```
Open "test" for Input As #1
```

2. 关闭顺序文件

用户处理完文件后应及时关闭，关闭文件的语法格式如下：

```
Close[[#]文件号][,[#]文件号],…
```

参数说明如下。

（1）文件号：打开文件语句 Open 的标识符，可使用任何等于打开文件号的数字表达式。

（2）Close 语句没有参数，表示关闭所有被打开的文件。执行 Close 语句时，与文件号相对应的文件将被关闭。

例如：

```
Open "test" for Input as #1     '打开文件
    …
Close #1                        '关闭test文件
```

3. 写顺序文件

在顺序文件中存储变量的内容就是对文件进行写操作，首先应以 Output 或 Append 方式打开文件，然后用 Print #语句或 Write #语句向文件中写数据。

（1）Print #语句的语法格式如下：

```
Print #文件号,[Spc(n)|Tab(n)][表达式列表][;|,]
```

作用：将表达式的内容写到文件中。

【例 5.1.1】 利用 Print #语句写文件。

程序代码如下：

```
Private Sub Command1_Click()
    Open "d:\test1.txt" For Output As #1     '打开test1文件供输出
    Print #1,"Visual Basic"                   '输出一行内容
```

```
        Print #1                              '输出一个空行
        Close #1                              '关闭文件
End Sub
```

【例5.1.2】 利用下面两种方法把文本框的内容写入文件，并比较它们的不同。

方法一：把文本框中的内容一次性地写入文件。

程序代码如下：

```
Private Sub Command1_Click()
    Open "d:\test21.txt" For Output As #1
    Print #1,Text1.Text
    Close #1
End Sub
```

方法二：把文本框中的内容逐字符地写入文件。

程序代码如下：

```
Private Sub Command1_Click()
    Open "d:\test22.txt" For Output As #1
    For i = 1 To Len(Text1.Text)
        Print #1,Mid(Text1.Text,i,1)
    Next i
    Close #1
End Sub
```

（2）Write #语句的语法格式如下：

```
Write #文件号,[输出列表]
```

其中，输出列表指用逗号分隔的数值或字符串表达式。

作用：将一列数字或字符串表达式写入文件中，并自动地用逗号分隔每个表达式，且在字符串表达式两端放置引号。

【例5.1.3】 利用Write #语句写文件。

程序代码如下：

```
Private Sub Command1_Click()
    Dim a As String,b As Integer,c As String
    a = "李红":b=20:c="自动化"
    Open "d:\test3.txt" For Output As #1
    Write #1,a,b,c
    Close #1
End Sub
```

这时，d:\test3.txt文件的内容为："李红"，20，"自动化"。

4．读顺序文件

读取文件内容时，首先要以Input方式打开文件，然后用以下3种方法读取文件的内容。

（1）Input函数的语法格式如下：

```
Input(读取字符的个数,#文件号)
```

参数说明如下。

①读取字符的个数：值必须小于65535。

②文件号：表示用 Open 打开文件时的文件标识符。

作用：从文件中读取指定数目的字符，并存放到字符变量中。

例如，用 Input 函数把一个文件的前 21 个字符复制到 String 类型的变量 A 中：

```
A = Input(21,#1)
```

（2）Line Input #语句的语法格式如下：

```
Line Input #文件号,字符串变量
```

其中，字符串变量用于从文件中接收一行文本。

作用：从指定文件中读出一行数据，并将读出的数据赋给指定的字符串变量，读出的数据中不包含回车符和换行符。Line Input #语句忽略任何空格和逗号，能够接收回车符之前所输入的信息。

例如，使用 Line Input #语句读取文件中的一行内容：

```
Dim lineString As string
Line Input #1,lineString
```

（3）Input #语句的语法格式如下：

```
Input #文件号,变量列表
```

其中，变量列表是从文件读取的分配数值的变量表（用逗号隔开）。

作用：从文件中读出数据，并分别赋给指定的变量。

注意： 为了能用 Input # 语句将文件中的数据正确读出，在将数据写入文件时，要使用 Write # 语句，而不能用 Print #语句，这是因为 Write #语句能将各个数据项区分开。

【例 5.1.4】 在例 5.1.3 的基础上，在窗体上添加一个命令按钮 Command2，以将 Command1 写入的内容读出，并输出在窗体上。

程序代码如下：

```
Private Sub Command2_Click()
    Dim a As String,b As Integer,c As String
    Open "d:\test3.txt" For Input As #1
        Input #1,a,b,c
        Print a,b,c
    Close #1
End Sub
```

【例 5.1.5】 利用下面 3 种方法把一个文本文件 d:\test5.txt 的内容读入文本框（文件内容为 "Visual Basic"），比较它们的不同。

方法一：把文本文件的内容一次性地读入文本框（只能用于只包含西文字符的文件）。

程序代码如下：

```
Private Sub Command1_Click()
    Text1.Text = ""
    Open "d:\test5.txt" For Input As #1
    Text1.Text = Input(LOF(1),1)       'LOF(1)是返回1号文件的长度
    Close #1
End Sub
```

方法二：把文本文件的内容逐字符地读入文本框。

程序代码如下：

```
Private Sub Command2_Click()
    Dim s As String*1                  '用于存放每次读出的一个字符
```

```
                Text1.Text = ""
                Open "d:\test5.txt" For Input As #1
                Do While Not EOF(1)
                    s = Input(1,#1)
                    Text1.Text = Text1.Text + s
                Loop
                Close #1
        End Sub
```

方法三：把文本文件的内容一行一行地读入文本框。

程序代码如下：

```
Private Sub Command1_Click()
        Dim s As String
        Text1.Text = ""
        Open "d:\test5.txt" For Input As #1
        Do While Not EOF(1)
            Line Input #1,s
                Text1.Text = Text1.Text + s
        Loop
        Close #1
End Sub
```

5.1.4 随机文件的操作

在实际应用中，经常要处理一些统一格式的信息，这些信息的特点就是每个字段都有固定的长度，针对这些特点可用随机文件来保存。

随机文件由记录构成，每个记录又由定长的字段组成，所以每个记录的长度相同，利用这一特点可方便地查找某个特定记录的字段。

1. 打开和关闭随机文件

访问随机文件时，首先要用 Open 语句打开随机文件，其语法格式如下：

```
Open 文件名 For Random As #文件号[len=记录长度]
```

参数说明如下。

（1）Random：默认访问类型，表示随机访问类型。

（2）记录长度：若记录长度比要写的文件记录的实际长度短，则产生错误。若比实际长度长，则记录可写入，只是会浪费一些磁盘空间。

在操作完成后，应及时用 Close 语句关闭打开的文件。

2. 定义数据类型和变量

随机文件中每个记录的长度相同，每个字段都有固定的长度，一般在使用时都首先用 Type/End Type 语句定义记录中每个字段的类型和长度。例如，下面就用 Type/End Type 语句定义了一个长度为 26B 的记录，在自定义类型 Student 中包括学生的学号、姓名、班级、年龄等方面的信息，代码如下：

```
Type Student
```

```
Code As String*6
Name As String*10
Class As String*8
Age As Integer
End Type
```

为了更方便地访问随机文件，在打开文件之前，应先声明所有用来处理文件数据所需的变量，这些变量为用户定义类型的变量、记录长度、文件编号和文件的记录数。下面是这些变量的定义方法（在后面的示例中如不特别声明，则这些变量都有效）：

```
Dim Filenumber As Integer      '文件标识符
Dim Reclength As Long          '记录长度
Dim Stu As Student             '用户定义类型
Dim Lastrecord As Long         '记录总数
```

可用下面的语句得到变量的值：

```
Reclength=Len(Stu)
Filenumber=FreeFile            '获取一个可用的文件标识符
Open "student.txt" For Random As Filenumber Len =Reclength
Lastrecord=Lof(Filenumber)/Reclength
```

3. 写随机文件

写随机文件的语法格式如下：

```
Put #文件号,[记录号],变量名
```

其中，若记录号省略，则从下一条记录开始。

作用：将变量值写入文件中。

利用 Put 语句可实现添加记录的功能，方法很简单，只要使 Position 等于记录总数加 1，再用 Put 语句写入记录即可。例如：

```
Position = Lastrecord+1
Put #Filenumber,Position,Stu
```

4. 读随机文件

读随机文件的语法格式如下：

```
Get #文件号,[记录号],变量名
```

作用：将记录的值读到变量中。

例如，从打开的 student.txt 文件中读取第 2 条记录的数据，并存入变量 Stu 中，代码如下：

```
Get #1,2,Stu
```

将变量 Stu 的内容修改后，替换第 2 条记录的内容：

```
Put #1,2,Stu
```

利用 Get 语句与 Put 语句可实现删除记录的功能。要删除记录，可参照以下步骤执行。

（1）创建一个新文件。

（2）把所有有用的记录从原文件复制到新文件中。

（3）关闭原文件，并用 Kill 语句删除它。

（4）使用 Name 语句把新文件以原文件的名字重新命名。

【例 5.1.6】 在 d:\student.txt 随机文件中保存 10 个学生的资料，其中包含一个学号为

2005010101、姓名为李红、班级为 A20050101、年龄 18 岁的学生，编程要求如下。

  (1) 将学号为 2005020211、姓名为张强、班级为 A20050202、年龄 19 岁的学生信息追加到文件 student.txt 中。

  (2) 删除学号为 2005010101 的学生资料。

  程序代码如下：

```
'在模块级别中定义
Private Type Student
    Code As String *10    'Code代表学号
    Name As String *10    'Name代表姓名
    Class As String *9    'Class代表班级
    Age As Integer        'Age代表年龄
End Type
Private Sub Command1_Click()
    Dim Filenumber As Integer
    Dim FileTemp As Integer
    Dim Reclength As Long
    Dim Stu As Student        '定义为自定义类型
    Dim Lastrecord  As Long
    Dim i  As Integer
    Reclength = Len(Stu)
    Filenumber = Freefile
    Open "d:\Student.txt" For Random As Filenumber Len=Reclength
    Lastrecord = Lof(Filenumber)/Len(Stu)
    Stu.name = "张强"
    Stu.code = "2005020211"
    Stu.age = 19
    Stu.Class = "A20050202"
    Lastrecord = Lastrecord + 1
    Put #Filenumber, Lastrecord , Stu          '将记录追加到文件中
    FileTemp=Freefile
    '建立一个临时文件
    Open "d:\student2.txt" for random as FileTemp Len = Reclength
    For I=1 To Lastrecord
        Get #Filenumber,i,Stu
        If  Stu.code <> "2005010101" Then
            Put # FileTemp,i,Stu
        Endif
    Next
    Close Filenumber
    Close FileTemp
    Kill ("d:\student.txt")                    '删除旧文件
    Name "d:\student2.txt" as "d:\student.txt"  '将临时文件名改名
End Sub
```

5.1.5 二进制文件的操作

二进制文件的存储方式是 3 种文件类型中最为灵活的，它是字节的集合。对二进制文件存取数据不需要按某种方式进行组织，它允许用户按任何方式组织和访问数据，也不必组织一定长度的记录。

1. 打开和关闭二进制文件

用 Open 语句打开二进制文件的语法格式如下：

```
Open 文件名 For Binary As #文件号
```

例如，以二进制方式打开文件：

```
Dim Filenumber As Integer,Stu As Student
Filenumber = FreeFile
Open "d:\student.txt" For Binary As Filenumber
```

关闭二进制文件的方法同顺序文件一样，用 Close 语句关闭。

2. 读写二进制文件

二进制文件的读写语句与读随机文件的读写语句相同。

虽然 3 种类型的文件的存取方式不同，但处理的基本步骤一致，处理步骤如下。

（1）使用 Open 语句打开文件，并为文件指定一个文件号。程序根据文件的存取方式使用不同的模式打开文件。

（2）从文件中将全部或部分数据读取到变量中。

（3）使用、处理或改变变量中的数据。

（4）将变量中的数据保存到文件中。

（5）文件操作结束，使用 Close 语句关闭文件。

注意：VB 语句格式中的标点符号是英文标点符号。

·思 考 与 探 索·

从简单数据(常量、变量、数组等)的处理到复杂数据（文件和数据库）的组织和管理，以及数据挖掘，人们逐渐认识到数据的价值，人们利用数据进行论证、决策和知识发现，这就是关于数据的思维，它已逐渐成为人们的一种普适思维方式。

5.1.6 文件系统控件

文件系统控件有三种：驱动器列表框(DriveListBox)、目录列表框(DirListBox)和文件列表框(FileListBox)。

1. 驱动器列表框

驱动器列表框是一个包含所有驱动器名的下拉式列表框，默认是在用户系统上显示当前驱动器。用户可直接输入有效的驱动器标识符，也可单击驱动器列表框右侧的下拉按钮打开下拉列表框，从中选择所需驱动器。

1) Drive 属性

Drive 属性是驱动器列表框最重要属性，用于运行时选择驱动器。该属性只能在运行时使用，不能在设计时使用。

语法格式如下：

对象名.Drive [= <字符串表达式>]

参数说明如下。

（1）对象名：对象表达式，其值是驱动器列表框的对象名。

（2）字符串表达式：用来表示驱动器名的字符串表达式。

例如：

Drive1.Drive = "c"

2）Change 事件

当用户选择新驱动器或用代码改变 Drive 属性时产生一个 Change 事件。

2. 目录列表框

目录列表框是列出当前驱动器目录结构和所有子目录的列表框。

1）Path 属性

Path 属性是目录列表框控件中最重要的属性，其作用是返回或设置当前路径，默认值为当前路径。Path 属性只能在运行时使用，不能在设计时使用，其语法格式如下：

对象名.Path [=<字符串表达式>]

参数说明如下。

（1）对象名：对象表达式，其值是目录列表框的对象名。

（2）字符串表达式：用来表示路径名的字符串表达式。

例如：

Dir1.Path="C:\Windows"

缺省值是当前路径。

说明：Path 属性也可以直接设置限定的网络路径，如网络计算机名\共享目录名\path。驱动器列表框和目录列表框有着密切的关系，在一般情况下，改变驱动器列表中的驱动器名后，目录列表框中的目录也随之变为该驱动器上的目录，两者产生同步效果。

可以用以下代码实现：

```
'驱动器列表框Drive1与目录列表框Dir1同步
Private Sub Drive1_Change()
    Dir1.Path = Drive1.Drive
End Sub
```

2）ListIndex 属性

ListIndex 属性用于返回或设置控件中当前选择项目的索引，在设计时不能使用。当前选定目录的 ListIndex 属性值为-1，若该目录包含子目录，则每个子目录的 ListIndex 属性值依次为 0、1、2、3、…，选定目录的父目录的 ListIndex 属性值为-2，以此类推。

3）Change 事件

目录列表框的 Path 属性发生变化时，产生一个 Change 事件。

4）Click 事件

单击目录列表框时，产生 Click 事件。

3. 文件列表框

文件列表框是显示当前目录下所有文件的列表框。

1）Path 属性

Path 属性的值是一个表示路径的字符串，默认值为当前路径。在运行状态下文件列表框中显示由 Path 属性指定的包含在目录中的文件。例如：

```
'目录列表框Dir1与文件列表框File1同步
Private Sub Dir1_Change()
    File1.Path = Dir1.Path
End Sub
```

2）Pattern 属性

Pattern 属性用于指定文件列表框中文件显示的类型，可识别"*"、"?"通配符和分号分隔符。例如：

```
File1.Pattern="*.Frm;???.Bmp"
```

表示在文件列表框中显示所有扩展名为.Frm 的文件和所有文件名包含 3 个字符且扩展名为.Bmp 的文件。

注意：要指定显示多个文件类型，文件类型之间使用英文分号作为分隔符。

3）FileName 属性

FileName 属性用于指定选定的文件名。

例如：

```
MsgBox File1.FileName
```

4）其他属性

文件列表框提供了 Archive、Hidden、Normal、System、ReadOnly 等 5 个属性，可在文件列表框中用这些属性指定要显示的文件属性类型。

语法格式如下：

```
对象名.Archive [=Boolean]
对象名.Hidden [=Boolean]
对象名.Normal [=Boolean]
对象名.System [=Boolean]
对象名.ReadOnly [=Boolean]
```

作用：设置或返回布尔值，决定文件列表框是否以存档、隐藏、普通、系统或只读属性来显示文件。Hidden 和 System 属性的默认值为 False，Archive、Normal 和 ReadOnly 属性的默认值是 True。因此，要在文件列表框中只显示只读文件，可将 ReadOnly 属性设置为 True，其他属性设置为 False。

5）PathChange 事件

当文件列表框的 Path 属性改变时触发 PathChange 事件。

6）PatternChange 事件

当文件列表框的 Pattern 属性改变时触发 PatternChange 事件。

7）Click 和 DblClick 事件

当单击和双击文件列表框时分别触发 Click 和 DblClick 事件。

想想议议：要使驱动器列表框、目录列表框和文件列表框同步显示，如何编写代码才能使它们之间彼此同步？

5.2 知 识 进 阶

5.2.1 通用对话框

在 Visual Basic 中，除了可以建立预制对话框和定制对话框外，还利用一个 ActiveX 控件——通用对话框（CommonDialog）控件提供了一组标准的操作对话框，可进行打开和保存文件、设置打印选项以及选择颜色和字体等操作。其部件名是"Microsoft Common Dialog Control 6.0"。通用对话框的 6 种类型及对应方法和属性如表 5.2.1 所示。

表 5.2.1 通用对话框的 6 种类型及对应方法和属性

方法	对话框	相关属性
ShowOpen	显示"打开"对话框（图 5.2.1）	Filter：过滤列表 FilterIndex：默认过滤列表 FileName：打开文件路径及名称
ShowSave	显示"另存为"对话框	FileTitle：文件名 DialogTitle：对话框名 DefaultExt：默认扩展名
ShowColor	显示"颜色"对话框（图 5.2.2）	Color：颜色值（常数） Flags：颜色对话框选项（1、4、8、2）
ShowFont	显示"字体"对话框（图 5.2.3）	Flags：哪类字体（常数：屏幕字体、打印机字体或两者） FontSize：设置字体大小 FontBold：设置是否选粗体 FontItalic：设置是否选斜体 FontStrikethru：设置是否选删除线 FontUnderline：设置是否选下划线
ShowPrinter	显示"打印"对话框	Copies：要打印的份数 FromPage：打印的起始页 ToPage：打印的结束页 HDC：选定打印机的设备环境
ShowHelp	调用 Windows 帮助引擎	HelpFile：帮助文件路径和文件名 HelpCommand：联机帮助的类型，设置值为常数

图 5.2.1 "打开"对话框

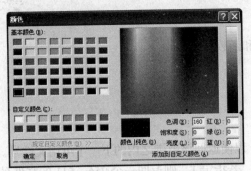

图 5.2.2 "颜色"对话框

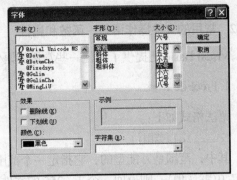

图 5.2.3 "字体"对话框

1. Filter 属性

Filter 属性用于返回或设置对话框的类型列表框中所显示的过滤器。使用该属性可在对话框显示时提供一个过滤器列表，用它可以进行选择，其语法格式如下：

```
通用对话框名.Filter[=description1|filter1|description2|filter2…]
```

参数说明如下。

(1) description：描述文件类型的字符串表达式。

(2) filter：过滤条件，是指定文件名扩展的字符串表达式。

说明：使用管道符号(|)(ASCII 值为 124) 将 filter 与 description 的值隔开。管道符号的前后都不要加空格，因为这些空格会与 filter 和 description 的值一起显示。例如，下列代码中给出的过滤器允许选择文本文件或含有位图和图标的图形文件：

```
CmDialog1.Filter="Text(*.txt)|*.txt|Pictures(*.bmp;*.ico)|*.bmp;*.ico"
```

2. FilterIndex 属性

当为一个对话框指定一个以上的过滤器时，需使用 FilterIndex 属性确定哪一个作为默认过滤器显示。例如：

```
CommonDialog1.FilterIndex = 2  '此时*.bmp;*.ico为默认过滤器显示
```

3. FileName 属性

该属性用于返回或设置所选文件的路径和文件名，其语法格式如下：

```
通用对话框名.FileName [=PathName]
```

其中，参数 PathName 是字符串表达式，指定路径和文件名。

说明：在 CommonDialog 控件里，可以在打开对话框之前设置 FileName 属性来设定初始文件名。读该属性可返回当前从列表中选择的文件名，如果没有选择文件，则 FileName 返回 0 长度的字符串。

4. FileTitle 属性(只读属性)

该属性用于返回要打开或保存文件的名称(不带路径)。

5. Flags 属性

该属性为各类型通用对话框返回或设置选项(详见 Visual Basic 6.0 中的"Microsoft Visual Basic 帮助主题"或"联机手册")。

5.2.2 常用的文件操作语句、函数和属性

Visual Basic 还提供了其他一些常用的语句和函数。

1. FreeFile 函数

语法格式如下：

```
FreeFile[(范围)]
```

其中，范围是万能型的，它指定一个范围，以便返回该范围之内的下一个可用文件号。若指定 0(默认值)，则返回一个 1～255 的文件号；若指定 1，则返回一个 256～511 的文件号。

作用：返回一个整数，提供一个尚未使用的文件号。

2. LOF 函数

语法格式如下：

```
LOF(文件号)
```

其中，文件号是一个整型值，指定一个有效的文件号。

作用：返回文件的长度(字节数)。

3. EOF 函数

语法格式如下：

```
EOF(文件号)
```

作用：返回一个表示文件指针是否到达文件末尾的值。当到达文件末尾时，EOF 函数返回 True，否则返回 False。

4. Seek 函数

语法格式如下：

```
Seek(文件号)
```

作用：返回一个 Long 型值，用来表示当前的读/写位置。

5. Seek 语句

语法格式如下：

```
Seek [#]文件号,位置
```

作用：设置下一个读/写位置，对于随机文件，位置是指记录号。

6. ChDrive 语句

语法格式如下：

```
ChDrive 驱动器名
```

作用：改变当前驱动器。

7. ChDir 语句

语法格式如下：

```
ChDir 文件夹名
```

作用：改变当前文件夹。

8. CurDir 函数

语法格式如下：

CurDir [驱动器名]

作用：确定任何一个驱动器的当前目录。若省略驱动器名，则返回当前驱动器的当前路径。
例如：

ChDir "d:\tmp"

9. App 对象的 Path 属性

语法格式如下：

App.Path

作用：返回当前可执行文件的路径。

10. MkDir 语句

语法格式如下：

MKDir 新如下文件夹

作用：创建一个新文件夹。

11. Name…As 语句

语法格式如下：

Name 旧文件名 As 新文件名

作用：更改文件名。

12. FileCopy 语句

语法格式如下：

FileCopy 源文件名,目标文件名

作用：复制文件，注意不能复制一个已打开的文件。

13. RmDir 语句

语法格式如下：

RmDir要删除的文件夹

作用：删除一个存在的空文件夹，注意不能删除一个含有文件的文件夹，应先使用 Kill 语句删除该文件夹中的所有文件。

14. Kill 语句

语法格式如下：

Kill 文件名

作用：从磁盘中删除文件。
例如：

Kill "*.txt"

15. SetAttr 语句

语法格式如下：

SetAttr 路径名,属性

作用：设置文件属性，有以下五种。

(1) 0 (vbNormal)：常规（默认值）。

(2) 1 (vbReadOnly)：只读。

(3) 2 (vbHidden)：隐藏。

(4) 3 (vbSystem)：系统文件。

(5) 4 (vbArchive)：上次备份以后，文件已经改变。

16. GetAttr 函数

语法格式如下：

GetAttr(文件或文件夹)

作用：返回文件或文件夹的属性值。

项 目 交 流

分组交流讨论：本章中的档案管理主要完成了档案信息的存储和读取，如果你作为客户，你对本章中项目的设计满意吗（包括功能、界面和操作模式）？找出本章项目中不足的地方，加以改进。在对项目改进过程中遇到了哪些困难？组长组织本组人员讨论或与老师讨论改进的内容及改进方法的可行性，并记录下来，编程上机检测。

项目改进记录

序号	改进内容	改进方法
1		
2		
3		
4		
5		

交回讨论记录摘要。记录摘要包括时间、地点、主持人（组长，建议轮流担任组长）、参加人员、讨论内容等。

基本知识练习

一、简答题

1. 什么是文件？

2. 根据 VB 文件的访问模式，文件可分为哪几种类型？

3. 顺序文件和随机文件的读写操作有何不同？

4. 在文件操作中 Print 和 Write 语句的区别是什么？各有什么用途？

二、编程题

1. 将一个文本文件中的小写字母全部转换成相应的大写字母并在窗体上输出。

2. 新建一个文本文件，顺序存放某个班学生的姓名和电话。要求：通过 InputBox 函数输入姓名和电话，当输入的姓名和电话均为 END 时结束输入。完成文件写入操作后，在记事本程序中打开文件查看结果。

3. 建立一个随机文件，管理某单位的职工工资情况，其中每个记录由工作证号、姓名、性别、基本工资构成，完成下列操作。

(1)在相应的文本框中输入数据，单击"添加"按钮向文件添加新记录。

(2)单击"浏览"按钮显示所有数据。

(3)单击"删除"按钮删除指定的记录。

能力拓展与训练

一、调研与分析

1. 上网搜索 U 盾的工作原理以及安全措施的设计。

2. 你都了解哪些存储形式？请通过多种渠道了解"云存储"的概念及利弊。

二、自主学习与探索

通过对本章内容的学习，结合以前学过的知识，尝试设计一个具有 Word 文字处理功能的程序，并记录在程序设计过程中遇到的问题。

三、思辩题

使用计算机进行档案管理是不是可以完全取代目前的人工档案管理？设想档案管理将来的发展趋势。

四、我的问题卡片

请把在学习中(包括预习和复习)思考和遇到的问题写在下面的卡片上，然后逐渐补充简要的答案。

问题卡片

序号	问题描述	简要答案
1		
2		
3		
4		
5		

你 我 共 勉

敏而好学，不耻下问，是以谓之文也。

——孔子

第6章 图形操作

在现实世界中，人们经常利用直观的图形来表达抽象的思想，因为图形可以帮助人们设计产品、理解数据、洞察规律。在利用计算机解决现实问题时，也经常需要通过各种图形来体现，同时也可以增加应用程序的趣味性和美感，提高用户体验度。

6.1 项目 绘图板

【项目目标】

本项目实例主要任务是设计完成"绘图板"界面。在绘图板程序中，单击"设置坐标系"按钮，能在中间的图片框中画出坐标系，并能通过单击不同按钮分别绘制出点、正弦曲线、直线等图形，可以通过右侧的组合框和标签设置作图样式。"绘图板"窗口如图6.1.1所示。

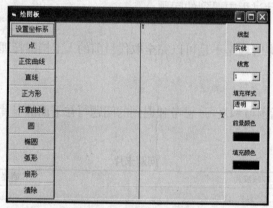

图 6.1.1 "绘图板"窗口

【项目分析】

本项目实例主要运用了 VB 6.0 的 Line、Circle、Pset 方法来绘制各种图形，并用两个标签的背景色来标明当前绘图区域的前景色和填充色，单击标签时弹出"颜色"对话框，来选择前景色和填充色。利用3个组合框设置"线型"、"线宽"、"填充样式"。

【项目实现】

1. 程序界面设计

双击"工程资源管理器"中的 Form6（绘图板）窗体，进入 Form6 的窗体设计状态，在窗体上添加1个命令按钮 Command1，用来设置坐标系，再添加1个命令按钮 Command2，利用"复制"、"粘贴"操作建立控件数组，在窗体中间添加1个图片框，用来绘制各种图形。在窗体右侧添加7个标签、3个列表框，用来设置图形样式。

2. 界面对象属性设置

"绘图板"窗口中各对象属性设置如表6.1.1所示。

表 6.1.1 属性设置

对象	属性	设置值
窗体 Form6	Caption	绘图板
命令按钮 Command1	Caption	设置坐标系
命令按钮 Command2(0)	Caption	点
命令按钮 Command2(1)	Caption	正弦曲线
命令按钮 Command2(2)	Caption	直线
命令按钮 Command2(3)	Caption	正方形
命令按钮 Command2(4)	Caption	任意曲线
命令按钮 Command2(5)	Caption	圆
命令按钮 Command2(6)	Caption	椭圆
命令按钮 Command2(7)	Caption	弧形
命令按钮 Command2(8)	Caption	扇形
命令按钮 Command2(9)	Caption	清除
标签框 Label1	Caption	线型
标签框 Label2	Caption	线宽
标签框 Label3	Caption	填充样式
标签框 Label4	Caption	前景颜色
标签框 Label5	Caption	空
	BorderStyle	1-Fixed
	BackColor	黑色
标签框 Label6	Caption	填充颜色
标签框 Label7	Caption	空
	BorderStyle	1-Fixed
	BackColor	黑色
组合框 Combo1	Text	实线
	List	实线、长划线、点线、点划线
组合框 Combo2	Text	1
	List	1、2、3、4、5、6、7
组合框 Combo3	Text	透明
	List	实心、透明、水平直线、垂直直线、上斜角线、下斜角线、十字线
图片框 Picture1	AutoRedraw	True

注意：初始状态设置各个绘制图形的命令按钮控件的 Enabled 属性为 False（不可用状态），只有设置好坐标系后才可用。

3. 编写对象事件过程代码

在代码窗口"通用"区定义模块级变量如下：

```
Dim flag As Boolean  ' flag标识是否响应鼠标移动事件来绘制自由曲线
```

双击 Form6 窗体中的相应控件进入代码窗口编写如下事件过程代码：

```
Private Sub Command1_Click()                    '设置坐标系
    Dim i As Integer
    Picture1.Scale(-5,5)-(5,-5)
    Picture1.Line(-5,0)-(5,0)
    Picture1.Line(0,5)-(0,-5)
    Picture1.CurrentX = 4.8
    Picture1.CurrentY = 0
    Picture1.Print "X"
    Picture1.CurrentX = 0.1
```

```
        Picture1.CurrentY = 5
        Picture1.Print "Y"
        For i = 0 To 9
            Command2(i).Enabled = True        '将作图按钮设为可用状态
        Next i
End Sub
Private Sub Command2_Click(Index As Integer)
    Dim i As Single
    Select Case Index
        Case 0                                '画点
            flag = False
            Picture1.PSet (2,3),Picture1.ForeColor
            Picture1.PSet (2,4),Picture1.ForeColor
        Case 1                                '画正弦曲线
            flag = False
            For i = -180 To 180 Step 0.01
            Picture1.PSet (i/50,5 * Sin(i * 3.14/180))
            Next i
        Case 2                                '画直线
            flag = False
            Picture1.Line (-3,-2)-(2,3),Picture1.ForeColor
        Case 3                                '画正方形
            flag = False
            Picture1.Line (-2,-2)-(2, 2),Picture1.ForeColor,B
        Case 4              '将标识设为真,鼠标移动事件有效,画自由曲线
            flag = True
        Case 5                                '画圆
            Picture1.Circle (0,0),3,Picture1.ForeColor
        Case 6                                '画椭圆
            Picture1.Circle (0,0),3,Picture1.ForeColor, , ,3
        Case 7                                '画弧形
            Picture1.Circle (0,0),4,Picture1.ForeColor,3.14/6,3.14/2
        Case 8                                '画扇形
            Picture1.Circle (0,0),4,Picture1.ForeColor,-3.14 * 0.8,-3.14 * 1.2
        Case 9                    '清除图形和图形样式,重新绘制坐标系
            Picture1.Cls
            Picture1.DrawStyle = 0
            Picture1.DrawWidth = 1
            Picture1.FillColor = vbBlack
            Picture1.FillStyle = 1
            Picture1.ForeColor = vbBlack
            Picture1.Line (-5,0)-(5,0)
```

```
            Picture1.Line (0,5)-(0,-5)
            Picture1.CurrentX = 4.8
            Picture1.CurrentY = 0
            Picture1.Print "X"
            Picture1.CurrentX = 0.1
            Picture1.CurrentY = 5
            Picture1.Print "Y"
    End Select
End Sub
Private Sub Combo1_click()                      '设置线型
    Picture1.DrawStyle = Combo1.ListIndex
End Sub
Private Sub Combo2_click()                      '设置线宽
    Picture1.DrawWidth = Combo2.ListIndex
End Sub
Private Sub Combo3_Click()                      '设置填充类型
    Picture1.FillStyle = Combo3.ListIndex
End Sub
Private Sub Label5_Click()                      '设置前景颜色
    CommonDialog1.ShowColor
    Picture1.ForeColor = CommonDialog1.color
    Label5.BackColor = CommonDialog1.color
End Sub
Private Sub Label7_Click()                      '设置背景颜色
    CommonDialog1.ShowColor
    Picture1.FillColor = CommonDialog1.color
    Label7.BackColor = CommonDialog1.color
End Sub
Private Sub Picture1_MouseDown(Button As Integer,Shift As Integer,X As
    Single,Y As Single)
    '当前鼠标坐标位置
    Picture1.CurrentX = X
    Picture1.CurrentY = Y
End Sub
Private Sub Picture1_MouseMove(Button As Integer,Shift As Integer,X As
    Single,Y As Single)                         '鼠标移动时画线
    If flag = True Then
        If Button = 1 Then Picture1.Line-(X,Y)
    End If
End Sub
```

  Visual Basic 为应用程序的编写提供了复杂的图形功能，这些功能可以优化应用程序，使之更有吸引力和易于使用。

6.1.1 坐标系统概述

每一个图形操作都要使用绘图区或容器的坐标系统，坐标系统对定义窗体和控件在应用程序中的位置也非常重要。

1. 默认坐标系

在 VB 中，默认的坐标原点为对象的左上角，横向向右为 x 轴的正向，纵向向下为 y 轴的正向，如窗体容器的默认坐标系统，如图 6.1.2 所示。构成一个坐标系需要 3 个要素：坐标原点、坐标度量单位、坐标轴的长度与方向。

每个窗体和图片框都有五个刻度属性（ScaleLeft、ScaleTop、ScaleWidth、ScaleHeight 和 ScaleMode）和一个方法（Scale），它们可用来定义坐标系统。任何容器默认坐标系统都由容器的左上角 (0, 0) 坐标开始。沿坐标轴定义位置的测量单位统称为刻度，默认刻度单位为缇（Twip）。

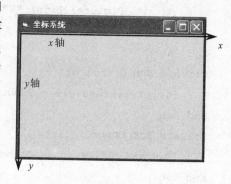

图 6.1.2 窗体容器的默认坐标系

若不直接定义单位，则可通过设置 ScaleMode 属性，用标准刻度来定义，其属性设置值如表 6.1.2 所示。

表 6.1.2 ScaleMode 属性设置值

ScaleMode 设置值	描述
0	用户定义。若直接设置了 ScaleWidth、ScaleHeight、ScaleTop 或 ScaleLeft，则 ScaleMode 属性自动设为 0
1	缇，缺省刻度，1440 缇等于 1in
2	磅，72 磅等于 1in
3	像素，监视器或打印机分辨率的最小单位
4	字符，打印时一个字符有 1/6 in 高、1/12 in 宽
5	in
6	mm
7	cm

注：1in=2.54cm

设置 ScaleMode 的值后，Visual Basic 会重新定义 ScaleWidth 和 ScaleHeight，使它们与新刻度保持一致，然后将 ScaleTop 和 ScaleLeft 设置为 0。直接设置 ScaleWidth、ScaleHeight、ScaleTop 或 ScaleLeft，将自动设置 ScaleMode 为 0。

注意：用 ScaleMode 属性只能改变刻度单位，不能改变坐标原点及坐标轴的方向。

想想议议：窗体的 Height、Width 属性与窗体的 ScaleWidth、ScaleHeight，窗体的 Top、Left 属性与窗体的 ScaleTop、ScaleLeft 各有什么区别？

2. 创建自定义刻度

使用对象的 ScaleLeft、ScaleTop、ScaleWidth 和 ScaleHeight 属性创建自定义刻度。这些属性能用来设定刻度或取得有关坐标系统当前刻度的详细信息。

1）ScaleLeft 和 ScaleTop 属性

作用：给容器指定左上角的坐标值。

这些属性不会直接改变对象的大小或位置，但能改变它们后面一些语句的作用。

2）ScaleWidth 和 ScaleHeight 属性

作用：根据容器的当前宽度和高度定义单位。

例如：

```
ScaleWidth = 1000
ScaleHeight = 500
```

上述语句的作用：以当前窗体内部宽度的 1/1000 为水平单位；以当前窗体内部高度的 1/500 为垂直单位。

注意：

（1）ScaleWidth 和 ScaleHeight 按照对象的内部尺寸定义单位，这些尺寸不包括边框厚度或菜单（或标题）的高度。因此，ScaleWidth 和 ScaleHeight 总是指对象内的可用空间的大小，Width 和 Height 总是指对象的外部尺寸。Width 和 Height 总是按照容器的坐标系统来表示；ScaleWidth 和 ScaleHeight 决定了对象本身的坐标系统。

（2）4 个刻度属性都可包括分数、负数。ScaleWidth 和 ScaleHeight 属性设置值为负数，则改变坐标系统的方向。

【例 6.1.1】 利用 ScaleLeft、ScaleTop、ScaleWidth 和 ScaleHeight 属性来设置窗体中图片框的坐标系并绘制 X、Y 坐标轴，如图 6.1.3 所示。

首先在窗体上添加图片框 Picture1 控件，单击图片框编写如下代码：

图 6.1.3　自定义坐标系

```
Private Sub Picture1_Click()
    Picture1.ScaleLeft = -5      '设置图片框左上角的X坐标值
    Picture1.ScaleTop = 5        '设置图片框左上角的Y坐标值
    Picture1.ScaleHeight = -10   '设置图片框的高度单位和改变Y坐标轴的方向
    Picture1.ScaleWidth = 10     '设置图片框的宽度单位
    Picture1.Line(0,5)-(0,-5)    '画Y轴线
    Picture1.Line(-5,0)-(5,0)    '画X轴线
    Picture1.CurrentX =4.8       '当前光标位置
    Picture1.CurrentY =0         '当前光标位置
    Picture1.Print "X"           '在当前光标位置输出X
    Picture1.CurrentX =0.1       '当前光标位置
    Picture1.CurrentY =5         '当前光标位置
    Picture1.Print "Y"           '在当前光标位置输出Y
End Sub
```

3. 使用 Scale 方法改变坐标系统

语法格式如下：

```
[对象名.]Scale (x1, y1) - (x2, y2)
```

其中，x1、y1 决定了 ScaleLeft 和 ScaleTop 属性的设置值。两个 X 坐标之间的差值和两个 Y 坐标之间的差值分别决定了 ScaleWidth 和 ScaleHeight 属性的设置值。例如：

```
Scale (100, 100)-(200, 200)
```

该语句定义窗体为 100 单位宽和 100 单位高。指定 x1 大于 x2 或 y1 大于 y2 的值,与设置 ScaleWidth 或 ScaleHeight 为负值的效果相同。

【例 6.1.2】 利用 Scale 方法来设置窗体中图片框的坐标系并绘制 X、Y 坐标轴,如图 6.1.3 所示。

```
Private Sub Picture1_Click()
        Picture1.Scale(-5,5)-(5,-5)    '自定义坐标系
        Picture1.Line(0,5)-(0,-5)      '画Y轴线
        Picture1.Line(-5,0)-(5,0)      '画X轴线
        Picture1.CurrentX =4.8         '当前光标位置
        Picture1.CurrentY =0           '当前光标位置
        Picture1.Print "X"             '在当前光标位置输出X
        Picture1.CurrentX =0.1         '当前光标位置
        Picture1.CurrentY =5           '当前光标位置
        Picture1.Print "Y"             '在当前光标位置输出Y
End Sub
```

说明:当 Scale 方法不带参数时,取消用户定义的坐标系,采用缺省坐标系。

想想议议:当移动容器时,容器内的对象会发生怎样的变化?

6.1.2 使用 Visual Basic 作图

在Visual Basic中,使用窗体、图片框或Printer对象的图形方法和属性可以绘制一些基本的图形,并设置颜色、线型和填充样式。

1. 绘图属性

1)用 AutoRedraw 创建持久的图形

每个窗体和图片框都具有 AutoRedraw 属性。AutoRedraw 属性有两种值:①AutoRedraw 的默认值是 False,当设置为 False 时,VB 会把图形输出到屏幕,而不输出到内存;②当容器的 AutoRedraw 属性设置为 True 时,VB 会把图形输出并保存在内存中。

注意:运行时,在程序中设置 AutoRedraw 可以在画持久图形(如背景色或网格)和临时图形之间切换。当 AutoRedraw 设置为 False 时,如果用 Cls 方法清除对象,并不能清除已有的输出。这是因为输出保存在内存中,必须再次设置 AutoRedraw 为 True,才能用 Cls 方法清除。

2)使用 CurrentX 和 CurrentY 属性设置当前坐标

CurrentX 和 CurrentY 属性表示在绘图时的当前坐标,这两个属性在设计阶段不能使用,当坐标系确定后,坐标值(x, y)表示对象上的绝对坐标位置。如果前面加上关键字 Step,则表示相对坐标位置,当使用 Cls 方法后,CurrentX 和 CurrentY 属性值为 0。

【例 6.1.3】 在窗体的(1000,2000)处显示"Hello!"。

程序代码如下:

```
Private Sub Command1_Click()
        Me.CurrentX = 1000
        Me.CurrentY = 2000
        Print "Hello!"
End Sub
```

3）使用 DrawWidth 属性设置线宽

语法格式如下：

容器对象名.DrawWidth[=宽度]

参数说明如下。

容器对象名：指窗体、图片框或打印机。

宽度：其范围为 1～32767，该值以像素为单位表示线宽，默认值为1，即 1 像素宽。

作用：指定图形方法输出时线的宽度。

4）使用 DrawStyle 属性设置线型

语法格式如下：

容器对象名.DrawStyle[=设置值]

参数说明如下。

容器对象名：指窗体、图片框或打印机。

设置值如表 6.1.3 所示。

表 6.1.3　DrawStyle 属性设置值

常数	设置值	描述
VbSolid	0	（默认值）实线
VbDash	1	虚线
VbDot	2	点线
VbDashDot	3	点划线
VbDashDotDot	4	双点划线
VbInvisible	5	无线

作用：指定用图形方法创建的线的线型，可以是实线或虚线。

注意：只有当 DrawWidth 设置为 1 时，DrawStyle 属性产生的效果才会如表6.1.3 中的各设置值所述。

5）使用 FillStyle 属性设置填充图案

语法格式如下：

容器对象名.FillStyle[=设置值]

参数说明如下。

容器对象名：指窗体、图片框或打印机。

设置值如表 6.1.4 所示。

表 6.1.4　FillStyle 属性设置值

常数	设置值	描述
VbFSSolid	0	实线
VbFSTransparent	1	（默认值）透明
VbHorizontalLine	2	水平直线
VbVerticalLine	3	垂直直线
VbUpwardDiagonal	4	上斜对角线
VbDownwardDiagonal	5	下斜对角线
VbCross	6	十字线
VbDiagonalCross	7	交叉对角线

作用：返回或设置用来填充 Shape 控件以及由 Circle 和 Line 图形方法生成的圆和方框的模式。

6）使用 FillStyle 和 FillColor 属性设置填充图案和颜色

语法格式如下：

容器对象名.FillColor[=颜色]

作用：返回或设置用来填充 Shape 控件以及由 Circle 和 Line 图形方法生成的圆和方框的填充颜色，默认值为 0（黑色）。

注意： 如果 FillStyle 设置为 1（透明），则忽略 FillColor 属性，但是 Form 对象除外。

想想议议： 容器对象名.FillColor[=颜色]中的颜色值有几种赋值方法？

2. 画点

画点时用 PSet 方法，其语法格式如下：

[对象名.]PSet[Step](x,y)[,颜色]

参数说明如下。

x、*y*：单精度参数，确定画点的位置，可以是整数、分数或数值表达式。

颜色：指定画点的颜色，默认为前景色。

Step：可免除持续不断地记录最后画点位置的负担。在编写程序中经常关心的是两点的相对位置，而不是绝对位置。

例如：

```
PSet(300,100),RGB(0,0,255)
PSet(10.75,50.33)
Picture1.PSet(1.5,3.2)
PSet(50,75),BackColor        '擦除该点
```

【例 6.1.4】 在例 6.1.1 所设置好的坐标系中利用画点方法绘制正弦曲线，如图 6.1.4 所示。

程序代码如下：

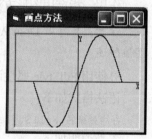

图 6.1.4 正弦曲线的绘制

```
Private Sub Picture1_Click()
    Picture1.Scale(-5,5)-(5,-5)    '自定义坐标系
    Picture1.Line(0,5)-(0,-5)      '画Y轴线
    Picture1.Line(-5,0)-(5,0)      '画X轴线
    Picture1.CurrentX = 4.8        '当前光标位置
    Picture1.CurrentY = 0          '当前光标位置
    Picture1.Print "X"             '在当前光标位置输出X
    Picture1.CurrentX = 0.1        '当前光标位置
    Picture1.CurrentY = 5          '当前光标位置
    Picture1.Print "Y"             '在当前光标位置输出Y
    For i = -180 To 180 Step 0.01
        Picture1.PSet (i/50,5 * Sin(i * 3.14/180))  '画正弦曲线
    Next i
End Sub
```

3. 画直线和矩形

语法格式如下：

[对象名.]Line [[Step](x1,y1)]-[Step](x2,y2)[,颜色][B[F]]

参数说明如下。

x1、y1：表示起点坐标值，x 和 y 参数可以是整数、分数。若省略这点坐标，就把当前坐标作为该对象的起点，当前位置由 CurrentX 和 CurrentY 属性指定。

x2、y2：表示终点坐标值。

B：表示画矩形。

F：表示用画矩形的颜色来填充矩形，F 必须和关键字 B 一起使用，如果只用 B 不用 F，则矩形的填充由 FillColor 和 FillStyle 属性决定。

例如：

```
Line (500,500)-(2000,2000),RGB(255,0,0)   '画一条红色的直线
Line -(880,880)
Line (100,100)-(2000,2000),,B    '画左上角(100,100),右下角(2000,2000)的矩形
Line (500,500)-Step(1500,1500),,B
Line (500,500)-Step(1500,1500),,BF
```

注意：格式中的各参数可根据实际要求进行取舍，但如果舍去的是中间参数，那么参数之间的分隔符不能舍去。

想想议议：

(1) Line(150, 250)−Step(150,50)是否等同于 Line(150, 250)−(300, 300)？

(2) 容器对象的 FillColor 属性能不能应用于 Line 方法画的三角形、矩形、正方形？

4. 画圆、椭圆、圆弧和扇形

用 Circle 方法可画出大小不同的各种圆形、椭圆、圆弧和扇形，使用变化的 Circle 方法可画出多种曲线。

语法格式如下：

```
[对象名.]Circle [Step](x,y),半径[,[颜色][,[起始角][,[终止角][,[纵横比]]]]]
```

参数说明如下。

x 和 y：圆心的坐标。

纵横比：通过此参数可控制椭圆，指定垂直长度和水平长度比，是正浮点数。如果纵横比小于 1，则半径指的是水平方向的 x 半径；如果大于或等于 1，则半径指的是垂直方向的 y 半径。默认值为 1，画的是圆。

起始角和终止角：通过此参数可控制圆弧和扇形，当起始角和终止角取值在 0° ~ 360° 时为圆弧。如果起始角的绝对值大于终止角的绝对值，则画一个角度大于180° 的圆弧。如果为负数，则VB 将画出扇形。

例如：

```
Circle (500,500),400
Circle (1000,1000),500, , , ,2      '注意逗号不能省略
Circle (600,1000),800, , , ,3
Circle (1800,1000),800, , , ,1/3
```

说明：Circle 方法画图形时，采用逆时针方向。

5. 使用 Line 控件和 Shape 控件作图

Line 控件和 Shape 控件是 Visual Basic 提供的具有图形功能的控件，用户可用 Line 控件和 Shape 控件创建多种图形而不需要编写代码。可用 Line 控件来在窗体、框架或图片框中创建简单的线段；可用 Shape 控件在窗体、框架或图片框中创建各种预定义形状，如矩形、正方形、椭圆形、圆形、圆角矩形或圆角正方形。

（1）Line 控件常用属性如下。

x1，y1，x2，y2：控制线的两个端点的位置。

BorderWidth：设置线宽。

BorderStyle：设置线型。

（2）Shape 控件常用属性如下。

FillStyle：设置填充图案。

FillColor：设置填充颜色。

Shape 属性提供了 6 种预定义的形状，表 6.1.5 列出 Shape 控件的所有预定义形状、形状值和相应的常数。

表 6.1.5　Shape 控件的预定义形状、形状值和相应常数

形状	形状值	常数
矩形	0	vbShapeRectangle
正方形	1	vbShapeSquare
椭圆形	2	vbShapeOval
圆形	3	vbShapeCircle
圆角矩形	4	vbShapeRoundedRectangle
圆角正方形	5	vbShapeRoundedSquare

说明：利用线与形状控件，用户可以迅速地显示简单的线与形状或将之打印输出，与其他大部分控件不同的是，这两种控件不会响应任何事件，它们只用来显示或打印。

6.1.3　鼠标事件

通过 MouseDown、MouseUp、MouseMove 鼠标事件可使应用程序对鼠标位置及状态的变化作出响应，大多数控件能够识别这些鼠标事件。例如，窗体、图片框和图像控件能检测鼠标指针的位置，判断其左、右键是否被按下，还能响应鼠标按键与 Shift、Ctrl、Alt 键的各种组合。表 6.1.6 列出了这 3 种鼠标事件的触发条件。

表 6.1.6　鼠标事件及其触发条件

事件	触发条件
MouseDown	按下任一鼠标按键时发生
MouseUp	释放任一鼠标按键时发生
MouseMove	每当鼠标移动到屏幕的新位置时发生

3 种鼠标事件均使用 Button 参数（指示用户按下或释放了哪个按钮）、Shift 参数（指示用户按下了 Shift、Ctrl 与 Alt 键中的哪一个或哪几个）和 x、y 参数（表示当前鼠标的位置）。

注意：

（1）鼠标事件被用来识别和响应各种鼠标状态，并把这些状态看作独立的事件，不能将鼠

标事件与 Click 事件和 DblClick 事件混为一谈。在按下鼠标按键并释放时，Click 事件只能把此过程识别为一个单一的操作。另外，鼠标事件能够区分各鼠标按键与 Shift、Ctrl、Alt 键，而 Click 事件和 DblClick 事件却不能。

（2）应用程序能迅速识别大量的 MouseMove 事件，因此，在 MouseMove 事件中不能处理需要大量计算时间的工作。

【例 6.1.5】 设计一个简单的绘图板，如图 6.1.5 所示。

程序代码如下：

```
Private Sub Form_MouseDown(Button As Integer, Shift
As Integer,Y As Single,Y As Single)
      '当前鼠标坐标位置
      CurrentX = X
      CurrentY = Y
End Sub
Private Sub Form_MouseMove(Button As Integer,Shift As Integer,X As Single,Y As
                        Single)
      If Button = 1 Then Line -(X,Y)   '鼠标移动时画线
End Sub
```

图 6.1.5 简单绘图板

1. Button 参数

该参数表示用户按下或释放了哪个按钮，它是一个位域参数，其中第 0、1、2 三位分别描述鼠标按键的状态，其值的意义如表 6.1.7 所示。

表 6.1.7 Button 参数的不同数值以及相应的意义

十进制值	常数	意义
1	vbLeftButton	按下左键
2	vbRightButton	按下右键
4	vbMiddleButton	按下中间键

注意： MouseDown 和 MouseUp 一次只能识别一个按键，而 MouseMove 事件可以检测是否同时按下了两个以上的鼠标按键。MouseMove 事件还可以检测是否按下了某个特定的按键，而不管是否同时还有其他按键被按下。

2. Shift 参数

该参数指示用户按下了 Shift、Ctrl 与 Alt 键中的哪一个或几个按钮，它是一个位域参数，其中 0、1、2 三位的位置分别描述 Shift、Ctrl 与 Alt 键的状态。

用户也可以使用下面的符号常数及它们的逻辑组合来检测。

1（二进制值 001）- vbShiftMask:Shift 键被按下。

2（二进制值 010）-vbCtrlMask:Ctrl 键被按下。

4（二进制值 100）- vbAltMask:Alt 键被按下。

例如：Shift And 2，Shift And vbCtrlMask。

3. x、y 参数

这两个参数用于指示当前鼠标的位置，采用的坐标系统是用 ScaleMode 属性指定的坐标系。

6.1.4 键盘事件

键盘事件和鼠标事件都是用户与程序之间交互操作中的主要元素。把编写响应按键事件的应用程序看作编写键盘处理器，键盘处理器能在控件级和窗体级两个层次上工作。用控件级（低级）处理器可对特定控件编程，如可将 TextBox 控件中的输入文本转换成大写字符；而用窗体级处理器可使窗体首先响应按键事件。这样就可将焦点转换成窗体的控件，并重复或启动事件。

Visual Basic 提供 3 个键盘事件，分别为 KeyPress、KeyUp 和 KeyDown 事件，表 6.1.8 对这些事件作了描述。

表 6.1.8　键盘事件

事件	描述
KeyPress	按下对应某 ASCII 字符的键
KeyDown	按下键盘的任意键
KeyUp	释放键盘的任意键

注意：

（1）键盘事件彼此并不相互排斥。按下一个键时将生成 KeyDown 和 KeyPress 事件，释放此键后触发 KeyUp 事件。当用户按下一个 KeyPress 事件不能检测的键时将触发 KeyDown 事件，而释放此键后触发 KeyUp 事件。

（2）默认情况下，当用户对获得焦点的控件进行键盘操作时，控件的 3 个键盘事件被触发，但窗体的 3 个键盘事件不会发生。如果将窗体上的 KeyPreview 属性设置为 True，则对每个控件在控件识别其所有键盘事件之前，窗体就会接收这些键盘事件。

（3）如果窗体的 KeyPreview 属性设置为 True，并且窗体级事件过程修改了 KeyAscii 变量的值，则当前具有焦点的控件的 KeyPress 事件过程将接收到修改后的值。如果窗体级事件过程将 KeyAscii 设置为 0，则不再调用对象的 KeyPress 事件过程。

1. KeyPress 事件

按下对应 ASCII 字符的键时可触发 KeyPress 事件。ASCII 字符集包括标准键盘的字母、数字、标点符号及大多数控制键，如 Enter、Tab 和 BackSpace 键等。KeyDown 和 KeyUp 事件能够检测其他功能键、编辑键和定位键，而 KeyPress 事件主要应用在下面三方面。

（1）使用 KeyPress 事件可处理标准 ASCII 字符按键。

例如，使用 KeyPress 事件将文本框中的所有字符都强制转换为大写字符：

```
Private Sub Text1_KeyPress(KeyAscii As Integer)
    KeyAscii = Asc(Ucase(Chr(KeyAscii)))
End Sub
```

其中，KeyAscii 参数返回对应于 ASCII 字符代码的整型数值。

（2）利用 KeyPress 事件识别用户是否按下一个特定的键。

例如，检测用户是否正在按 BackSpace 键（其 ASCII 值为 8，其常数值为 vbKeyBack）：

```
Private Sub Form_KeyPress(KeyAscii As Integer)
    If KeyAscii = 8 Then MsgBox "你按下BackSpace键"
End Sub
```

（3）使用 KeyPress 事件改变某些键的默认行为。

例如，当窗体上没有默认按键时，按 Enter 键就会发出"嘟嘟"声。下面的程序将在 KeyPress 事件中截断 Enter 键（字符代码 13），可以避免发声，代码如下：

```
Private Sub Text1_KeyPress(KeyAscii As Integer)
    If KeyAscii = 13 Then KeyAscii = 0
End Sub
```

2. KeyDown 和 KeyUp 事件

KeyDown 和 KeyUp 事件报告键盘本身准确的物理状态：按下键（KeyDown）及释放键（KeyUp）。KeyPress 事件并不直接报告键盘状态，它只识别按下的键所代表的字符而不识别键的按下或释放状态。例如，输入 A 时，KeyDown 事件获得 A 的 ASCII 码，输入 a 时，KeyDown 事件获得 a 的 ASCII 码，由此可见，KeyPress 事件将字母的大小写作为两个不同的 ASCII 字符处理。而 KeyDown 事件将字母的大小写作为相同 ASCII 字符处理，要区分大小写，可进一步使用 Shift 参数。

表 6.1.9 提供了 KeyDown 和 KeyUp 事件的两个参数返回的输入字符的信息。

表 6.1.9　KeyDown 和 KeyUp 事件中的 KeyCode 和 Shift 参数

参数	描述
KeyCode	表示按下的物理键。这时将 A 与 a 作为同一个键返回，它们具有相同的 KeyCode 值。但要注意，键盘上的 1 和数字小键盘上的 1 会被作为不同的键返回
Shift	表示 Shift、Ctrl 和 Alt 键的状态。只有检查此参数，才能判断输入的是大写字母还是小写字母

1）KeyCode 参数

KeyCode 参数通过 ASCII 值或键代码常数来识别键。因为字母键的键代码与此字母的大写字符的 ASCII 值相同，所以 A 和 a 的 KeyCode 值都是 Asc("A")。

例如，下面程序的本意是只有按下 A 键才显示"按下 A 键"，而实际上按下 a 键时也显示同样的信息。因此，为判断按下的字母是大写形式还是小写形式，需使用 Shift 参数，代码如下：

```
Private Sub Text1_KeyDown(KeyCode As Integer,Shift As Integer)
    If KeyCode = vbKeyA Then MsgBox "按下A键"
End Sub
```

注意： 数字与标点符号键的键代码与键上数字的 ASCII 代码相同。因此 1 和"！"的 KeyCode 都是由 Asc(1)返回的数值。

KeyDown 和 KeyUp 事件可识别标准键盘上的大多数控制键，其中包括功能键（F1～F12）、编辑键（Home、PageUp、Del 等）、定位键（→、←、↑、↓）和数字小键盘上的键，可以通过键代码或相应的 ASCII 值检测这些键。例如：

```
Private Sub Text1_KeyDown(KeyCode As Integer,Shift As Integer)
    If KeyCode = vbKeyHome Then MsgBox "按下Home键"
End Sub
```

2）Shift 参数

在键盘事件中，Shift 参数代表 Shift、Ctrl 和 Alt 键的整数值或常数。在 KeyDown 与 KeyUp 事件中，使用 Shift 参数可区分字符大小写。Shift 参数的整数值和常数如表 6.1.10 所示。

表 6.1.10 Shift 参数的整数值和常数

二进制值	十进制值	常数	意义
001	1	ShiftMask	按 Shift 键
010	2	vbCtrlMask	按 Ctrl 键
100	4	vbAltMask	按 Alt 键
011	3	vbShiftMask + vbCtrlMask	按 Shift + Ctrl 键
101	5	vbShiftMask + vbAltMask	按 Shift + Alt 键
110	6	vbCtrlMask + vbAltMask	按 Ctrl + Alt 键
111	7	vbCtrlMask + vbAltMask+vbShiftMask	按 Shift + Ctrl + Alt 键

【例 6.1.6】 用 Shift 参数判断按下的字母键的大小写形式。

程序代码如下：

```
Private Sub Text1_KeyDown(KeyCode As Integer,Shift As Integer)
    If KeyCode = vbKeyA Then
        If Shift = 1 Then
            MsgBox "按下大写A键"
        ElseIf Shift = 0 Then
            MsgBox "按下小写a键"
        End If
    End If
End Sub
```

想想议议：KeyDown 与 KeyPress 事件的区别是什么？

6.2 知 识 进 阶

在 Visual Basic 中有几个预先定义好的系统对象，它们是屏幕、打印机和剪贴板。系统对象不需要在程序中定义就可使用，十分方便。

6.2.1 打印机

1. Printer 对象

使用 Printer 对象可以实现与系统打印机的通信。

（1）Page 属性，其语法格式如下：

```
Printer.Page
```

作用：返回当前页号，当一个应用程序开始执行时，或从 Printer 对象上一次执行使用 EndDoc（结束文件打印）方法后，Page 属性就被置为 1，打印完一页后，该属性值自动加 1。

例如：

```
Printer.Print "页号: "; Printer.Page
```

（2）NewPage 方法，其语法格式如下：

```
Printer.NewPage
```

作用：强制打印机换页，将打印位置重置到新页面的左上角，并使 Page 属性值自动加 1。

（3）EndDoc 方法，其语法格式如下：

```
Printer.EndDoc
```

作用：用于终止发送给 Printer 对象的打印操作，将文档释放到打印设备或后台打印程序中，并将 Page 属性重置为 1。

（4）KillDoc 方法，其语法格式如下：

```
Printer.KillDoc
```

作用：立即终止当前打印作业。

【例 6.2.1】 将一句话输出到打印机上。

程序代码如下：

```
Private Sub Command1_Click()
    Printer.Fontname="宋体"              '设置打印字体
    Printer.Fontsize=18                 '设置打印字号
    Printer.Print  "Visusul Basic"      '设置打印的内容
    Printer.Newpage                     '换一页
    Printer.EndDoc                      '将打印内容送到打印缓冲区,准备打印
End Sub
```

2. Printers 对象

Printers 是一个集合，使用 Printers 集合可获取有关系统上所有可用打印机的信息。可用 Printers(index) 指定其中一台打印机，其中 index 是一个 0~Printers.Count-1 的整数。可用 Set 语句指定 Printers 集合中的某一台打印机为默认打印机。

【例 6.2.2】 显示计算机上所用打印机设备名称到窗体上，并将第 1 个页面方向设置为纵向的，打印机设置为默认打印机。

程序代码如下：

```
Private Sub Command1_Click()
    Dim IsDefault As Boolean,X as Printer
    IsDefault=True
    For Each X in Printers
        Print X.DeviceName
        If IsDefault and X.orientation=vbprorportrait then
            Set Printer=X         '设置为系统默认打印机
        End if
    Next
End Sub
```

6.2.2 屏幕

屏幕（Screen）对象是指整个 Windows 桌面，它可以根据窗体在屏幕上的布局来操作窗体，取得关于屏幕的信息，如当前窗体的尺寸、可用的字体等，还可以利用 Screen 对象在运行时控制应用程序在窗体之外的鼠标指针。

【例 6.2.3】 列出当前计算机可以使用的字体的名字，并显示在一个文本框里。设计时在窗体上创建一个命令按钮（Command1）和一个文本框（Text1）。在代码中使用了 Screen 对象的 FontCount 和 Fonts 属性，它们分别指定 Screen 对象的字体个数和字体名。

程序代码如下：

```
Private Sub Command1_Click()
```

```
    Dim i As Integer
    Dim Fontstr As String
    For i = 0 To Screen.FontCount-1
        Fontstr = Fontstr & Screen.Fonts(i) & Chr(13) & Chr(10)
    Next
    Text1.Text = Fontstr
End Sub
```

6.2.3 剪贴板

剪贴板（Clipboard）对象没有属性或事件，只有几个与环境剪贴板传送数据的方法，如表 6.2.1 所示。

表 6.2.1　Clipboard 对象的方法

方法	描述
GetText、SetText	传送文本
GetData、SetData	传送图形
GetFormat	处理文本和图形两种格式
Clear	清除 Clipboard 对象中的内容

使用 Clipboard 对象可使用户对剪贴板上的文本和图形进行操作，如剪切、复制和粘贴应用程序中的文本和图形。

注意： 复制和剪切过程都应使用 Clear 方法清除 Clipboard 对象中的内容，如 Clipboard.Clear。

【例 6.2.4】　将一个文本框中的一段文本通过剪贴板复制、粘贴到另一个文本框中。

程序代码如下：

```
Private Sub cmdCopy_Click()
    Clipboard.Clear
    If txtSource.SelLength>0 Then              '用户是否选中文本
        Clipboard.SetText txtSource.SelText    '将选中内容复制到剪贴板上
    End If
End Sub
Private Sub cmdCut_Click()
    Clipboard.Clear
    If txtSource.SelLength>0 Then
        Clipboard.SetText txtSource.SelText    '将选中内容复制到剪贴板上
        txtSource.SelText = ""                 '将选中内容删除
    End If
End Sub
Private Sub cmdPaste_Click()
    If Len(Clipboard.GetText)>0 Then           '剪贴板中是否有内容
        txtTarget.SelText = Clipboard.GetText
    End If
End Sub
```

运行界面如图 6.2.1 所示。

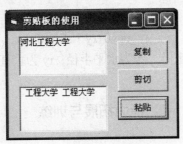

图 6.2.1　剪贴板

如果用户要通过剪贴板处理文本以外的数据，如图片和 rtf 格式的文档，可以使用 Clipboard 对象的 SetData、GetData 和 GetFormat 方法，它们的用法与处理文本的方法基本一致。

想想议议：系统对象与其他控件对象有什么区别？

项 目 交 流

分组进行交流讨论，讨论内容：通过学习项目实例，了解两个项目主要完成的功能是什么；总结 VB 绘制图形常用的方法；哪种方法更加灵活。如果你作为客户，你对本章中项目的设计满意吗（包括功能和界面）？找出本章项目中不足的地方，加以改进。在对项目改进过程中遇到了哪些困难？组长组织本组人员讨论或与老师讨论改进的内容及改进方法的可行性，并记录下来，编程上机检测改进方法。

项目改进记录

序号	项目名称	改进内容	改进方法
1			
2			
3			
4			
5			

交回讨论记录摘要。记录摘要包括时间、地点、主持人（组长，建议轮流担任组长）、参加人员、讨论内容等。

基本知识练习

编程题
1. 以当前窗体为中心，画若干条位置和颜色均随机的射线。
2. 利用画矩形方法在窗体上作一个渐变的色带。
3. 设计一个简单的秒表，单击"开始"按钮开始走动秒针，单击"停止"按钮则停止秒针的走动。
4. 利用画圆方法在窗体中画一个圆桶。
5. 设计一个模拟月亮绕地球运行的程序。
提示：行星运动的椭圆方程为

$$x=x0+rx \cdot \cos(\text{alfa})$$
$$y=y0+ry \cdot \sin(\text{alfa})$$

其中，x0、y0 为椭圆圆心坐标，rx 为水平半径，ry 为垂直半径，alfa 为圆心角。

能力拓展与训练

一、调研与分析

了解并使用一些作图软件，如 Windows 画图工具、AutoCAD、Photoshop 等，总结这些软件中界面和使用功能上的共性，并应用到本章项目中。

二、自主学习与探索

通过对本章内容的学习，结合以前学过的知识，模拟设计一个具有画图功能的程序。

三、思辩题

手工画图和计算机画图各有什么利弊？

四、我的问题卡片

请把在学习中(包括预习和复习)思考和遇到的问题写在下面的卡片上，然后逐渐补充简要的答案。

问题卡片

序号	问题描述	简要答案
1		
2		
3		
4		
5		

你 我 共 勉

非学无以广才，非志无以成学。

——诸葛亮

第7章 数据库的应用

数据是反映客观事物属性的记录，是信息的具体表现形式。数据库是数据聚集的手段。随着信息技术的渗透，数据的存储与处理很大一部分工作依赖于数据库的应用。在进行程序设计的过程中如果数据量非常大，关系也很复杂，就要考虑使用数据库技术来组织和管理数据。

7.1 项目 学生管理系统数据库设计

【项目目标】

本项目实例主要任务是使用数据库设计完成学生管理系统，设计界面如图7.1.1~图7.1.6所示。

图 7.1.1 登录界面

图 7.1.2 "管理员"界面

图 7.1.3 "学生"界面

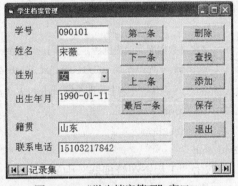

图 7.1.4 "学生档案管理"窗口

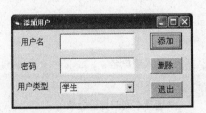

图 7.1.5 "添加用户"窗口

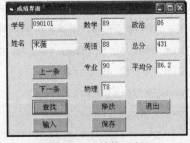

图 7.1.6 成绩管理窗口

【项目分析】

本项目实例主要运用了 Visual Basic 6.0 提供的数据库工具（如数据库控件、数据绑定控件、数据访问对象、远程数据对象和远程数据控件）来实现对数据库的快速、简便的访问与管理。

本项目内容主要包括学生档案管理、学生成绩管理和用户管理三大部分，实现了数据的录入、浏览和修改等功能。

想想议议： 人们日常生活常常用到数据库管理，试举例，并总结它们共同具备的主要功能。

【项目实现】

1. 系统界面设计

本项目实例在设计过程中主要使用了 6 个窗体、若干标签、命令按钮、文本框和访问数据库的核心控件之一 ——Data 控件。程序的实现通过一个标准模块和每个窗体上命令按钮的单击事件完成。

2. 界面对象属性设置

参照图 7.1.1~图 7.1.6 在属性窗口中为控件设置相应的属性值。

3. 编写对象事件过程代码

(1) 双击"工程资源管理器"中的模块，在"通用"区域定义公用变量和一个 main 子过程，程序代码如下：

```
    Public mnusertype As Integer          '表示当前登录的用户类型
    Public cn As New ADODB.Connection     '数据库连接对象并初始化
    Public rs As New ADODB.Recordset    '定义ADO记录集并初始化
    Public admin As Boolean             '区分用户身份：True-管理员，False-学生
    Public strconn As String
Sub main()                              '定义一个main子过程，连接数据库的完整路径
    admin = True
    '定义数据库连接提供者，无密码，连接到"学生管理系统.mdb"，对数据库的管理不使用安全信息
    strconn = "provider=microsoft.jet.oledb.4.0;password=;data source= " & App.Path _
            & "\学生管理系统.mdb" & ";Persist security info=true"
    cn.Open strconn                     '打开数据库连接
    Form1.Show                          '显示登录界面
End Sub
```

(2) 双击"工程资源管理器"中的 Form1，使 Form1 成为当前设计窗体，Form1 登录界面程序的主要代码设置如下：

```
Private Sub Command1_Click()  '"确定"按钮事件过程
    '定义用户名、口令、用户类型局部变量
    Dim user As String, pwd As String, usertype As String
    Dim strsql As String
    user = Trim(Text1.Text)             '输入用户名
    pwd = Trim(Text2.Text)              '输入口令
    If Option1.Value = True Then        '选择不同的身份登录
        usertype = Option1.Caption      '管理员身份
    Else
        usertype = Option2.Caption      '学生身份
    End If
```

```
                '从"用户表"数据表中选择对应的记录
        strsql = "select * from 用户表 where  name= '"  _
& user " & ' and pwd='" & pwd & "' and usertype='" & usertype & "' "
        Set rs = cn.Execute(strsql)              '执行检索查询语句
        If rs.EOF Then    '验证口令
            MsgBox "密码错误 ",vbCritical
            Exit Sub
            cn.Close                             '关闭"学生管理系统"数据库
        Else
            MsgBox "密码正确 ",vbExclamation
            If Option1.Value = True Then
                Form2.Show                       '管理员身份登录,进入管理员界面
            Else
            Form3.Show                           '学生身份登录,进入学生界面
            End If
            cn.Close                             '关闭"学生管理系统"数据库
        End Iff
End Sub
```

(3)双击"工程资源管理器"中的 Form4,使 Form4 成为当前设计窗体,以下是 Form4 主界面程序的主要代码设置。

① "第一条" 按钮的事件过程代码如下:

```
Private Sub Command1_Click()
Data1.Recordset.MoveFirst                        '移动到第一条记录
End Sub
```

② "下一条" 按钮的事件过程代码如下:

```
Private Sub Command2_Click()
    Data1.Recordset.MoveNext                     '移动到下一条记录
    If Data1.Recordset.EOF Then                  '是否移动到记录集末尾
        '如果是记录集末尾,则弹出消息框
        MsgBox "已经是最后一条记录", vbExclamation
        Data1.Recordset.MoveLast                 '移动到最后一条记录
    End If
End Sub
```

③ "上一条" 按钮的事件过程代码如下:

```
Private Sub Command3_Click()
    Data1.Recordset.MovePrevious                 '移动到上一条记录
    If Data1.Recordset.BOF Then                  '是否移动到记录集顶端
        '如果是记录集顶端,则弹出消息框
        MsgBox "已经是第一条记录", vbExclamation
        Data1.Recordset.MoveFirst                '移动到第一条记录
    End If
End Sub
```

④"最后一条"按钮的事件过程代码如下：

```
Private Sub Command4_Click()
    Data1.Recordset.MoveLast                    '移动到最后一条记录
End Sub
```

⑤"删除"按钮的事件过程代码如下(该功能只有管理员可以使用)：

```
Private Sub Command5_Click()
    Data1.Recordset.Delete                      '删除一条记录
    Data1.Recordset.MoveNext                    '移动到下一条记录
    If Data1.Recordset.EOF Then                 '是否移动到记录集末尾
        Data1.Recordset.MoveLast                '如果是，记录指针指向最后一条记录
    End If
End Sub
```

⑥"查找"按钮的事件过程代码如下：

```
Private Sub Command6_Click()
    Dim key1 As String                          '定义key1存储要查找的学号
    key1 = Trim(InputBox("请输入要查找的学号", 输入框))
    key1 = "学号= '" & key1 & " '"
    Data1.Recordset.FindFirst key1              '查找满足key1条件的第一条记录
    If Data1.Recordset.NoMatch = True Then      '是否有满足key1条件的记录
    MsgBox "没有符合条件的记录", vbExclamation
    End If
End Sub
```

⑦"添加"按钮的事件过程代码如下(该功能只有管理员可以使用)：

```
Private Sub Command7_Click()
    Data1.Recordset.AddNew                      '添加一条新记录
End Sub
```

⑧"保存"按钮事件过程代码如下(该功能只有管理员可以使用)：

```
Private Sub Command8_Click()
    Data1.Recordset.Update                      '更新记录集
    Data1.Refresh                               '刷新记录集
End Sub
```

⑨Form4 窗体的事件过程代码如下：

```
Private Sub Form_Load()
    '连接"学生管理系统"数据库
    Data1.DatabaseName = App.Path & "\学生管理系统.mdb"
    '连接"学生管理系统"数据库中的"学生信息"数据表
    Data1.RecordSource = "学生信息"
    Combo1.AddItem "男"
    Combo1.AddItem "女"
    '如果是学生登录主界面, 则窗体上的"添加"、"删除"、"保存"按钮不可用, 反之可用
    If admin = False Then
        Command7.Enabled = False
        Command8.Enabled = False
        Command5.Enabled = False
```

```
        End If
    End Sub
```

(4) 双击"工程资源管理器"中的 Form5，使 Form5 成为当前设计窗体，以下是 Form5 主界面程序的主要代码设置。

① "添加"按钮的事件过程代码如下：

```
Private Sub Command1_Click()
    Data1.Recordset.AddNew          '添加新用户
    Text1.DataField = "name"        '在"用户表"中添加name值
    Text2.DataField = "pwd"         '在"用户表"中添加pwd值
    Data1.Recordset.Update
End Sub
```

② "删除"按钮的事件过程代码如下(该功能只有管理员可以使用)：

```
Private Sub Command2_Click()
    Data1.Recordset.Delete      '删除一条记录
    Data1.Recordset.MoveNext        '移动到下一条记录
    If Data1.Recordset.EOF Then     '是否移动到记录集末尾
    Data1.Recordset.MoveLast        '如果是，记录指针指向最后一条记录
    End If
End Sub
```

③Form5 窗体的事件过程代码如下：

```
Private Sub Form_Load()
    Data1.DatabaseName = App.Path & "\学生管理系统.mdb"
    '连接"学生管理系统"数据库中的"用户表"数据表
    Data1.RecordSource = "用户表"
    Text1.Text = ""
    Text2.Text = ""
    Combo1.AddItem "管理员"
    Combo1.AddItem "学生"
End Sub
```

(5) 双击"工程资源管理器"中的 Form6，使 Form6 成为当前设计窗体，以下是 Form6 主界面程序的主要代码设置。

① "上一条"按钮的事件过程代码如下：

```
Private Sub Command1_Click()
    Data1.Recordset.MovePrevious        '移动到上一条记录
    If Data1.Recordset.BOF Then         '是否移动到记录集顶端
    MsgBox "已经是第一条记录", vbExclamation
    Data1.Recordset.MoveFirst           '移动到第一条记录
    End If
End Sub
```

② "下一条"按钮的事件过程代码如下：

```
Private Sub Command2_Click()
    Data1.Recordset.MoveNext            '移动到下一条记录
    If Data1.Recordset.EOF Then         '是否移动到记录集末尾
```

```
        MsgBox "已经是最后一条记录", vbExclamation
        Data1.Recordset.MoveLast                      '移动到最后一条记录
    End If
End Sub
```

③ "输入"按钮的事件过程代码如下(该功能只有管理员可以使用)：

```
Private Sub Command3_Click()

    Data1.Recordset.AddNew                            '添加一条新记录
End Sub
```

④ "保存"按钮的事件过程代码如下(该功能只有管理员可以使用)：

```
Private Sub Command4_Click()
    '计算总分
    Text8 = Val(Text3) + Val(Text4) + Val(Text5) + Val(Text6) + Val(Text7)
    Text9 = Val(Text8) / 5    '计算平均分
    Data1.Recordset.Update    '更新记录集
    '显示当前新录入的记录
    Data1.Recordset.Bookmark = Data1.Recordset.LastModified
End Sub
```

⑤ "修改"按钮的事件过程代码如下(该功能只有管理员可以使用)：

```
Private Sub Command3_Click()

    Data1.Recordset.Edit                              '编辑"学生成绩"表中的一条记录
    Data1.Recordset("学号") = Trim(Text1.Text) '修改字段"学号"的值
    Data1.Recordset("姓名") = Trim(Text2.Text)  '修改字段"姓名"的值
    Data1.Recordset("数学") = Trim(Text3.Text)  '修改字段"数学"的值
    Data1.Recordset("英语") = Trim(Text4.Text)  '修改字段"英语"的值
    Data1.Recordset("专业") = Trim(Text5.Text)  '修改字段"专业"的值
    Data1.Recordset("物理") = Trim(Text6.Text)  '修改字段"物理"的值
    Data1.Recordset("政治") = Trim(Text7.Text)  '修改字段"政治"的值
    '显示当前所修改的记录
    Data1.Recordset.Bookmark = Data1.Recordset.LastModified
End Sub
```

⑥Form6窗体的事件过程代码如下：

```
Private Sub Form_Load()

    Data1.DatabaseName = App.Path & "\学生管理系统.mdb"
    '连接"学生管理系统"数据库中的"学生成绩"数据表
    Data1.RecordSource = "学生成绩"
    '如果是学生登录主界面，则窗体上的"输入"、"修改"、"保存"按钮不可用，反之可用
    If admin = False Then
    Command3.Enabled = False
    Command4.Enabled = False
    Command5.Enabled = False
    End If
End Sub
```

说明：其他部分的事件过程代码可参考以前章节的相关知识编写。

数据库从结构上分为三类，即层次数据库、网状数据库和关系数据库。其中，关系数据库使用最为广泛。Visual Basic 中使用的就是关系数据库。该数据库存储的是由列和行数据组成的二维表格，每一列称为一个字段，每一行称为一条记录。

7.1.1 数据库中使用的相关术语

在 Visual Basic 中，常见的外部数据库(如 FoxPro、dBASE、Btrieve、Excel、Lotus 1-2-3 和 ODBC)都可以通过数据控件绑定到应用程序中，而不用考虑它们物理上的文件格式。一个数据库由若干数据表组成；每个数据表又由字段和记录组成。

1)数据表

数据表简称表，表是一种按行与列排列的相关信息的逻辑组，类似于工作表。例如，一张学生档案表包含有关学生的一系列信息，如他们的姓名、学号、出生日期、籍贯和特长等。

2)字段

数据表中的每一列称为一个字段。表是由其包含的各种字段定义的，每个字段描述了它所含有的数据。

创建一个数据表时，应为每个字段分配一个字段名、数据类型、最大长度和其他属性。在学生管理系统数据库中建立了如表 7.1.1 所示的"学生信息表"，里面包括 6 个字段。各字段可以设置为学号(文本型，长度 8)、姓名(文本型，长度 8)、性别(逻辑型)、出生日期(日期型)、籍贯(文本型，长度 16)、联系电话(文本型，长度 11)，同样在学生管理数据库中继续建立"学生成绩表"等其他数据表。

表 7.1.1　学生信息表

学号	姓名	性别	出生日期	籍贯	联系电话
090101	宋薇	女	1990-01-11	山东	
090102	王保国	男	1981-04-16	河北	
090201	陈红	女	1981-09-12	山东	
090202	李一明	男	1981-06-04	广西	
…	…	…	…	…	
090801	张小飞	男	1990-03-03	河北	
090802	赵键	男	1990-08-05	陕西	

3)记录

数据表中各字段的相关数据的集合称为记录。例如，一个学生的有关信息存放在数据表的一行上，称为一条记录。对于一般数据表的记录，在创建时任意两行都不能完全相同。

4)数据库

多个数据表成员组成一个数据库。数据库是一个单文件，它存储着表的定义和数据。每个数据库中包含的内容是一个或多个表，每个表都被构建为特定的格式存储信息。表的结构由一系列字段来定义，这些字段说明数据是如何被记录的。一个表可以包含一个或多个字段。每个表的数据都按照所定义的格式来存储。

注意：同一个表中字段名不允许重名，表中同一字段的数据类型必须相同，所有记录具有同样的字段名。

5)关键字

如果表中的某个字段或多个字段的组合能够唯一地确定一条记录，则称该字段或多个字段的组合为候选关键字。例如"学生信息表"中的"学号"可以作为候选关键字，因为对于每个学生来说，学号是唯一的。一个数据表中可以有多个候选关键字，但只能有一个候选关键字作为主关键字。主关键字必须有一个唯一的值，且不能为空值。

6）表间关系

表间关系是指定义两个或多个表间如何相互联系的方式。数据库可以由多个表组成，表与表之间可以用不同的方式相互关联。在定义一个关系时，必须说明相互联系的两个表中的共用字段。例如，表 7.1.2 是一个"学生成绩表"，该表与"学生信息表"之间通过"学号"这个公共字段建立关系。这样"学生成绩表"中只需用一个学号字段就可以引用学生的基本信息，而不必在学生成绩表中重复学生的基本信息。

表间关系分为一对一、一对多（或多对一）、多对多关系。

表 7.1.2　学生成绩表

学号	姓名	数学	英语	专业	物理	政治	总分	平均分
090101	宋薇	89	88	90	78	86	431	86.5
090102	王保国	…	…	…	…	…	…	…
090201	陈红	…	…	…	…	…	…	…
090202	李一明	…	…	…	…	…	…	…
…								
090801	张小飞	…	…	…	…	…	…	…
090802	赵键	…	…	…	…	…	…	…

7）索引

为了提高存储效率，大多数数据库都使用索引。索引是根据表中关键字提供一个数据指针，并以特定的顺序记录在一个索引文件上，该索引文件仅列出全部关键字的值及其相应记录的地址。索引其实就是关键字的值到记录位置的一张转换表。查找数据时，数据库管理系统先从索引文件上找到信息的位置，再根据指针从表中读取数据。

8）Recordset 对象

在 VB 中，一个或几个表中的数据可构成记录集（Recordset）对象。记录集也由行和列构成，与表类似。在 VB 中数据库内的表格不允许直接访问，而只能通过记录集对象进行记录的操作和浏览，因此，记录集是一种浏览数据库的工具。

7.1.2　数据库的建立

在 Visual Basic 中，数据库的创建有多种方式，可以使用 Visual Basic 自带的创建数据库的工具——可视化数据管理器（Visual Data Manager）；也可使用其他数据库语言，如 Access、FoxPro、dBASE、Excel、Lotus 1-2-3、ODBC 等。本节主要介绍利用可视化数据管理器创建、管理数据库。

1. 认识可视化数据管理器

可视化数据管理器是包含于 Visual Basic 之中的一个完整的数据库构造实用程序，它是随安装过程放置于 VB 目录中的，它具有如下功能：①创建数据库；②构造和设计数据表；③完整地访问数据表中包含的数据；④数据的输入；⑤压缩已存在的数据库。

可视化数据管理器实际上是一个独立于Visual Basic的程序。选择"外接程序"菜单中的"可视化数据管理器"命令就可以激活它。

当可视化数据管理器显示之后，它并不自动打开任何数据库，只有利用其"文件"菜单才可以创建一个新的数据库、打开数据库、压缩或修复已存在的数据库。但可视化数据管理器的初始状态没有默认选择，只有根据用户的实际操作来显示。

2. 利用可视化数据管理器创建数据库

1)新建数据库

打开 VisData 窗口中的"文件"菜单，在"新建"子菜单中列出了 Visual Basic 可用的数据库文件类型，选择"Microsoft Access"→"Version 7.0 MDB"命令。

在出现的对话框中选择或直接输入将要建立的数据库路径和名称，如"学生信息.mdb"，单击"保存"按钮。在可视化数据管理器中出现数据库窗口，如图 7.1.7 所示。Access 格式的数据库文件使用的扩展名为.mdb。由于是新建的数据库，所以只有属性表而没有任何数据表。

说明：使用可视化数据管理器建立的数据库是 Access 数据库（类型名为.mdb），可以被 Access 直接打开和操作。

2)向数据库中添加数据表

在数据库窗口中右击，出现快捷菜单后从中选择"新建表"命令，出现"表结构"对话框，如图 7.1.8 所示。利用该对话框可以建立数据表的结构，可以向数据表中添加或删除字段、建立索引等。

图 7.1.7 在 VisData 中新建一个数据库后的界面

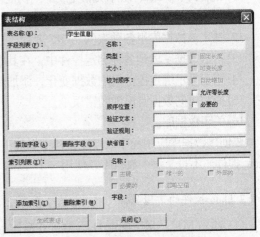

图 7.1.8 "表结构"对话框

3)修改表结构

若数据表的结构不符合需要，则可在数据库窗口内右击要修改的数据表名，然后在弹出的快捷菜单中选择"设计"命令，即可进入"表结构"对话框进行修改。

4)添加记录

要向数据表中添加记录，可在数据库窗口内右击要添加记录的数据表名，在弹出的快捷菜单中选择"打开"命令，就可以输入记录。

在 VisData 窗口中，添加记录可以用两种方式实现。

方法一：当 VisData 窗口中的 ▦ 按钮按下时，表明使用的是 Data 控件，如图 7.1.9 所示。

方法二：当 VisData 窗口中的 ▦ 按钮按下时，表明使用的是 DBGrid 控件。

5)为数据表创建索引

为数据表创建索引的目的是提高数据检索的速度。在"表结构"对话框中，若要建立索引，可单击"添加索引"按钮，

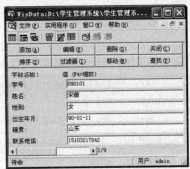

图 7.1.9 用 Data 控件添加记录

打开"添加索引"对话框，输入索引名称，在可用字段列表中选择要建立索引的字段，单击"确定"按钮后再单击"关闭"按钮即可。

注意： 创建索引包含对表中所有记录进行索引排序。如果在一个没有存储数据的空表中创建索引，几乎可以瞬间完成。如果有多条记录，则排序要花费一定的时间。

说明： 也可以直接用 Access 建立一个 MDB。

想想议议： 你目前了解的 VB 的外接程序有哪些？

7.1.3　Data 控件

Data 控件是数据库与 Visual Basic 的应用程序进行连接的控件之一。它利用记录集来访问数据库中的数据，而且提供了一些不需编写代码就能创建简单的数据库应用的功能，它在工具箱里的图标是 ▉。

1. Data 控件的功能

不需编写代码 Data 控件就能完成下列功能。

(1)与本地或远程数据库连接。

(2)基于该数据库里各种表的 SQL 查询，打开指定的数据库表或定义记录集。

(3)传送数据字段到各种绑定控件中，在其中可显示或改变数据字段的值。

(4)用于显示绑定控件里的数据变化，添加新记录或更新数据库。

(5)捕获访问数据时出现的错误。

(6)关闭数据库。

要创建数据库应用程序，可在窗体中添加一个 Data 控件，也可根据需要在窗体中创建多个 Data 控件。不过，每个数据库以使用一个 Data 控件为宜。

2. Data 控件的常用属性

(1)Align 属性：用于确定 Data 控件在窗体上显示的位置。习惯上是将其摆放在窗体的底部，并且控件将随窗体的大小变化同步变动。

(2)Caption 属性：设置或返回显示在 Data 控件中间的空白处的字符信息。

(3)Connect 属性：指明 Data 控件连接的数据库类型，如 Access 或 FoxPro 3.0 等，默认为连接 Access 类型的数据库。

(4)DatabaseName 属性：指明与 Data 控件连接的数据库文件名，包括所有的路径名。如果连接的是单表数据库，则应设置为数据库文件所在的子目录名，而具体的文件名则放在 RecordSource 属性中。例如：

```
'连接一个Access数据库，Access数据库的所有表都包含在一个mdb文件中
Data1.DatabaseName = "D:\student.mdb"
'连接一个FoxPro数据库d:\data\sallary.dbf，它只含一个表
Data1.DatabaseName = "D:\data"
Data1.RecordSource = "sallary.dbf"
```

(5)RecordSource 属性：设置 Data 控件连接的基本表，属性值可以是单个表名、一个存储查询或使用 SQL 查询的一个查询字符串。若在运行时改变该属性值，则必须使用 Refresh 方法才会使改变生效。例如：

```
Data1.RecordSource ="学生信息"
```

```
Data1.RecordSource ="Select * From 学生信息 Where 性别='女'"
```

(6)RecordSetType 属性：用于设置 Data 控件创建的 Recordset 对象记录集的类型。

表类型(dbOpenTable)：单个数据表的记录集合，用来添加、更新或删除记录。

Dynaset 类型(dbOpenDynaset)：默认值，一个或多个表记录的动态集合，代表从一个或多个表取出的字段的结果。可对 Recordset 添加、更新或删除记录，并且任何改变都将反映在基本表上。

快照类型(dbOpenSnapshot)：一个或多个表的记录的集合静态副本，字段不能更改，可用作数据查找结果或生成报告。

(7)BOFAction 属性：设置当 BOF 为 True 时，Data 控件所要进行的操作。BOFAction 属性的取值如下。

0：表示 Data 控件位于第 1 条记录时，单击"上一条"按钮，使用 MoveFirst 将记录集的第 1 条记录标记为当前记录。

1：表示 Data 控件位于第 1 条记录时，单击"上一条"按钮，使 Data 控件上的 MovePrevious 按钮失效，设置记录集的 BOF 属性为 True，Data 控件位于第 1 条记录上。

(8)EOFAction 属性：设置当 EOF 为 True 时，Data 控件所要进行的操作。EOFAction 属性的取值如下。

0：表示 Data 控件位于最后一条记录时，单击"下一条"按钮，使用 MoveLast 方法定位当前记录为记录集的最后一条记录。

1：表示 Data 控件位于最后一条记录时，单击"下一条"按钮，使 Data 控件上的 MoveNext 按钮失效，设置记录集的 EOF 属性为 True，Data 控件指针定位于最后一条记录上。

2：表示 Data 控件位于最后一条记录时，单击"下一条"按钮，将自动调用 AddNew 方法添加一条新记录，Data 控件指针定位于新记录上。

(9)Exclusive 属性：指出 Data 控件的基本数据库是为单用户打开还是为多用户打开，默认值为 False，表示为多用户打开。

(10)ReadOnly 属性：设置 Data 控件的数据库是否以只读方式打开，默认值为 False，表示以只读方式打开。如果运行时改变了该属性的值，则必须调用 Refresh 方法才能使改变生效。如果仅想利用数据控件查询数据，则可将该属性值设置为 True，以防止数据库被不慎修改。

3. Data 控件的基本用法

使用 Data 控件创建简单数据库应用程序的基本步骤如下。

(1)把 Data 控件添加到窗体中。

(2)设置其属性(Connect、DatabaseName、RecordSource)以指明要从哪个数据库的哪个数据表中获取信息。

(3)添加各种绑定控件。

数据控件并不具有显示库中数据的功能，要想将库中的数据提供给用户，应使用数据绑定控件。数据绑定控件又称为数据识别控件，在 VB 的数据库应用程序中可通过数据绑定控件来显示数据库中的信息。

在 Visual Basic 的内部控件中，具有数据绑定功能的控件有 Label、TextBox、CheckBox、PictureBox、Image、ListBox 、ComboBox 和 OLE 控件；在 ActiveX 控件中，提供数据绑定功能的控件有 DataList、DataCombo、DataGrid、DataRepeater 和 MFlexGrid 控件等。

(4)设置绑定控件的 DataSource、DataMember 和 DataField 属性。

DataSource 属性：指定该控件所要绑定的数据源。可以是已创建好的数据控件、数据环境、记录集对象。

DataMember 属性：数据成员属性，指定该控件将要绑定到数据源中的哪个记录集。ADO 数据控件和用代码创建的 ADO 记录集对象只有一个记录集，因此不必指定该记录集。

DataField 属性：指定该控件要绑定到记录集里的哪个数据字段。

当运行应用程序时，这些数据绑定控件会自动显示数据库中当前记录对应字段的值。

说明：

①修改显示在任何绑定控件里的值都能改变数据库中的信息。当单击 Data 控件的箭头按钮向新记录移动时，Visual Basic 会自动提示并保存对数据所作的任何更改。

②数据库引擎提供了大量的数据库和记录集的属性和方法。通过引用 Data 控件的 Database 和 Recordset 属性，可以直接与 Data 控件一起使用这些属性和方法。

例如：在本项目实例中显示学生管理系统数据库中"学生信息"表的记录内容，见图 7.1.4。

分析：在"学生信息"表中有 6 个字段，需要 5 个绑定控件与之对应。

界面设计如下。

(1)在窗体上放置 1 个数据控件 Data1、5 个文本框和 6 个标签。

(2)6 个标签的标题分别给出相关的字段提示说明，Data1 的 Connect 属性为 Access 数据库类型，DatabaseName 属性为要连接的数据库"d:\学生管理系统.mdb"，RecordSource 属性为"学生信息"表。

(3)5 个文本框 Text1~Text5 的 DataSource 属性都设置成 Data1，设置这些控件的 DataField 属性分别与表中的字段建立绑定关系。

4. Data 控件的常用事件

(1)Reposition 事件：当某一条记录成为当前记录之后，就会触发该事件，触发该事件的原因包括：①单击 Data 控件上的任意一个按钮，进行记录间的移动；②使用 Move 方法；③使用 Find 方法；④其他改变当前记录的属性和方法。

利用该事件可以进行当前记录的计算和窗体间的切换工作。

通常可以在这个事件中显示当前指针的位置，代码如下：

```
Private Sub Data1_Reposition()
    Data1.Caption = Data1.Recordset.AbsolutePosition + 1
End Sub
```

(2) Validate 事件：发生在一条记录成为当前记录之前，或是发生在 Update、Delete、Unload、Close 操作之前。

5. Data 控件的常用方法

(1)Refresh 方法：用来建立或重新显示与 Data 控件相连接的数据库记录集，并把当前记录设置为记录集中的第一条记录。如果程序运行过程中修改了数据控件的 DatabaseName、RecordSource、ReadOnly、Exclusive、Connect 等属性的设置值，就必须用该方法来刷新记录集。

(2)UpdateRecord 方法：用来将绑定控件上的当前内容写入数据库中，即可以在修改数据后调用该方法来确认修改。可用这种方法在 Validate 事件期间将被连接控件的当前内容保存到数据库中而不再次触发 Validate 事件。

(3)UpdateControls 方法：用来将数据从数据库中重新读到绑定控件中，即可以在修改数据后调用该方法放弃修改。

(4) Close 方法：用于关闭数据库或记录集，并且将该对象设置为空。例如：

```
Data1.Recordset.Close
```

在使用 Close 之前必须用 Update 方法更新数据库或记录集中的数据，以保证数据的正确性。

7.1.4　使用代码管理数据库

Data 控件在数据库中的应用是一个比较重要的数据控件，以下主要介绍针对 Data 控件的代码编程。

1. 记录的定位

定位指的是记录指针在一个记录集中来回移动或者改变当前记录。可以使用数据控件的箭头进行定位，也可以用代码来完成同样的操作。

1) 当前记录

数据控件使用当前记录来确定记录集中当前哪一条记录可以被访问。在任何时刻，只有一条记录为当前记录，这条记录显示在任何与数据控件绑定的控件中。

2) 记录集的 BOF/EOF（Begin of File/End of File）属性

BOF 与 EOF 都为 False：当前记录的指针有效。

BOF = True：当前记录被定位于数据集的第一条记录的前面，当前记录的指针为无效。

EOF = True：当前记录被定位于最后一条数据记录的后面，当前记录的指针为无效。

BOF 与 EOF 都为 True：在记录集里没有记录行，当前记录为无效。

3) 利用 Move 方法移动记录指针

Visual Basic 支持以下四种移动记录的方法。

MoveFirst：移动到第一条记录。

MoveLast：移动到最后一条记录。

MovePrevious：移动到上一条记录。

MoveNext：移动到下一条记录。

注意：当记录指针位于最后一条记录时，执行 MoveNext 方法使记录集的 EOF 属性为 True。当 EOF 属性为 True 时，再次执行 MoveNext 方法，Visual Basic 就会产生一个可以捕获的错误。同理，当记录指针指向第 1 条记录时，执行 MovePrevious 方法使记录集的 BOF 属性为 True，再次执行 MovePervious 方法，Visual Basic 同样会产生一个可以捕获的错误。因此，在代码中使用这些方法时，必须考虑记录指针移动的范围问题。为避免这一错误的发生，应采用如下代码：

```
Data1.Recordset.MoveNext
If Data1.Recordset.EOF Then
    Data1.Recordset.MoveLast
End If
```

要避免 MovePrevious 错误发生，可采取类似的方法。

4) 快速定位的方法

Visual Basic 支持 3 种快速定位的方法。

（1）Move ±*n*。

作用：将记录指针从当前位置向前（-）或向后（+）移动 *n* 条记录。

例如，Move -5 表示记录指针从当前记录开始向前移动 5 条记录。若 Move 后面是正数 n，则表示指针从当前记录开始向后移动 n 条记录。

(2) AbsolutePosition = n。

作用：将记录指针位置移到第 n 条记录，n 的取值范围是 0~总记录数。

(3) Data1.Recordset.PercentPosition = f。

作用：按指定的百分比定位当前记录指针，这是一种不精确的定位方法。

2. 记录的查找

1）Find 方法

Visual Basic 支持 4 种 Find 方法在 Dynaset 类型或快照类型的 Recordset 对象中定位记录。

FindFirst 方法：查找满足指定条件的第一条记录。

FindLast 方法：查找满足指定条件的最后一条记录。

FindNext 方法：查找满足指定条件的下一条记录。

FindPrevious 方法：查找满足指定条件的上一条记录。

语法格式如下：

记录集.<Find方法> 条件表达式

例如：

'在"学生信息"表里查找籍贯是北京的第一条记录

Data1.Recordset.FindFirst "籍贯 ='北京'"

'在"学生信息"表里从当前记录开始往后查找姓王的学生

Data1.Recordset.FindNext "姓名 Like '王*'"

如果在此表中满足条件的记录不止一条，那么若要查找所有满足条件的记录，还要有其他语句配合。

注意：如果条件中包含变量，则必须使用字符串连接符&。

例如：

姓名="张三"

Data1.Recordset.FindFirst "姓名=" & "'" & 姓名 & "'"

2）FindFirst 和 FindNext 方法的区别

当记录集中只有一条符合条件的记录时，使用两者中的任何一种方法，结果都是一样的；但当记录集中符合条件的记录不止一条时，由于 FindFirst 和 FindNext 查找的起点不同，所以将会产生不同的结果。例如，在"学生信息"表里查找男生的记录，分别用这两种方法输入：

Adodc1.Recordset.FindFirst "性别 ='男'"

Adodc1.Recordset.FindNext "性别 ='男'"

如果将两者分别放入两个不同的事件（如 Command_Click）事件中，运行时会发现，无论使用多少次 FindFirst 方法，找到的总是记录集中满足条件的第 1 条记录。例如，在"学生信息"表里查找学号时，FindFirst 方法找到的总是学号为 090215 的这一条记录；而采用 FindNext 方法则会依次找到 090215、090124、090223、090112、090221 等与条件相符的记录。

3）Seek 方法

使用 Seek 方法可在表中查找与指定索引规则相符的第一条记录，并使之成为当前记录。其语法格式如下：

记录集. seek 比较运算符,<索引字段的取值>

注意: Seek方法是通过索引字段快速找到符合条件的记录,使用Seek方法前必须先打开其相关的索引。

4)NoMatch 属性

在 Find 方法失败、当前记录位置处于未定义状态,或用户找不到符合条件的记录时,通常应用程序要给用户提示。在这里可以通过判断 NoMatch 属性值来实现。

当用 Find 方法或 Seek 方法查找记录时,若有满足条件的记录,则该属性设置为 False,当前记录即满足条件的记录;若没有满足条件的记录,则该属性值设置为 True。

下列代码通过 NoMatch 属性给用户以提示:

```
Private Sub Comfind_Click()
    Data1.Recordset.FindNext("姓名='张红'")
    If Data1.Recordset.NoMatch = True Then
        MsgBox ("无要查找的记录")
    End If
End Sub
```

5)使用书签移动到指定记录

书签(Bookmark)属性可保存一个当前记录的指针,设置 Bookmark 属性的值,能直接重定位到特定的记录。这个值可以保存在 Variant 或者 String 型的变量中。以下代码可把当前记录重定位到一个以前已经保存过的 Bookmark 中:

```
Dim MyBookmark as Variant
MyBookmark = Data1.Recordset.Bookmark
Data1.Recordset.MoveFirst              '离开该记录
Data1.Recordset.Bookmark = MyBookmark '移回所保存的位置
```

3. 添加新记录

1)使用 AddNew 方法添加新记录

AddNew 方法能够向记录集中添加一条新记录,并使新记录成为当前记录。在新记录中每个字段内容将以默认值表示,如果没有指定,则为空白。当使用 Update 方法保存新记录之后,使用 AddNew 方法之前的当前记录又重新成为当前记录。

新添记录在记录集中的位置取决于被添加记录的记录集是动态类型还是表类型。如果向动态类型的记录集中添加记录,则新记录将出现在记录集的尾部,无论记录集是否是排序的;如果向表类型的记录集中添加记录,那么记录出现的位置将取决于当前的索引;如果没有当前索引,那么它将出现在表的尾部。要将记录指针移动到刚刚添加的记录上,必须使用 LastModified 属性。

2)操作步骤

要添加一条新记录,可按以下步骤操作。

(1)用无参数的 AddNew 方法创建一条空白新记录。

(2)在新记录中输入各字段值。

(3)用 Update 方法保存新记录。当前记录指针恢复为原值(记录指针的值优先于使用 AddNew 方法)。

以下代码用于在"学生管理系统.mdb" 数据库的"学生信息"表中添加一个新记录:

```
Data1.Refresh
Data1.Recordset.AddNew                   '创建一条新的空白记录
'设置字段值
```

```
Data1.Recordset("学号") = "090308"
Data1.Recordset("姓名") = "高峰"
Data1.Recordset("性别") = "男"
Data1.Recordset("出生年月") =1990-12-09
...
Data1.Recordset.Update                          '将新记录保存到数据库中
```

4. 编辑记录

1) 使用 Edit 方法编辑记录

要改变数据库中的数据，可以用 Edit 方法来实现。但是必须先把要编辑的记录设为当前记录，然后在绑定控件中完成任意必要的改变。要保存此改变，只需把当前记录指针移到其他记录上，或者使用 Update 方法。对记录的修改只使用表类型或动态集类型实现。

2) 编辑当前记录的字段值

具体步骤如下。

(1) 使待编辑的记录成为当前记录(可用 Find、Seek 或 Move 方法实现)。

(2) 用 Edit 方法指明对当前记录进行编辑。

(3) 给要改变的字段指定新的值。

(4) 使用 Update 方法或任何一种命令移动记录指针。

以下代码可实现编辑学号是 090203 的记录中的"姓名"字段值：

```
Data1.Refresh
Data1.Recordset.FindFirst "学号 ='090203'"
Data1.Recordset.Edit
Data1.Recordset("姓名") = "李畅"
Data1.Recordset.Update                      '保存此改变
```

5. 删除记录

1) 使用 Delete 方法删除记录

对于表类型或者动态类型的记录集，可用 Delete 方法删除记录。对于快照型记录集中的记录则不能删除。

使用 Delete 方法会立即删除记录，不作任何提示，因此在使用该方法时一定要谨慎。由于删除记录后并不会自动将下一条记录作为当前记录且已删除的记录不再包含有效的数据，继续访问它会导致错误。因此，每次删除以后都必须用 MoveNext 方法来改变当前指针的位置。

2) 操作步骤

要删除一整条记录，需按以下步骤操作。

(1) 把当前记录指针定位到要删除的记录上。

(2) 使用 Delete 方法删除记录。

例如，要在"学生管理系统.mdb"数据库的"学生信息"表中删除一条记录，代码如下：

```
Private Sub Command5_Click()
    If Data1.Recordset.EOF = False Then
        Data1.Recordset.FindNext "姓名='陈晨'"
        Data1.Recordset.Delete
```

```
            Data1.Recordset.MoveNext
        End If
        Data1.Update
End Sub
```

若要删除多条记录，则最好使用SQL的DELETE命令。例如：

```
Data1.Database.Execute "DELETE * FROM 学生成绩 WHERE数学<60"
Data1.Update
```

6. 与记录保存有关的方法

1）Update 方法

使用 Update 方法可以将数据缓冲区的内容保存到记录集对象中。该方法最常用于更新记录集中基于通过 Data 控件或通过代码所作的更改。

2）UpdateControls 方法

对于一些已经和数据控件连接的数据绑定控件，如果在这些控件中修改了记录的内容，则要放弃已作的修改，可使用 UpdateControls 方法从数据控件的记录集中取回原来的记录内容，使这些控件显示的内容返回原先的值。

3）UpdateRecord 方法

此方法类似于 Update 方法，它同样可以将修改的记录内容保存到数据库中。UpdateRecord 方法与 Update 方法的主要区别：前者可以避免引发 Validate 事件。

7. 关闭记录集

用 Close 方法可以关闭记录集并释放分配给它的资源，其语法格式如下：

```
对象.Close
```

例如，下面的代码可关闭一个记录集：

```
Data1.Recordset.Close
```

在下列情况下，数据库和它们各自的记录集会自动关闭。

（1）针对一个指定的记录集使用 Close 方法。

（2）卸载包含 Data 控件的窗体。

（3）程序执行了一个 End 语句。

当使用 Close 方法或者窗体卸载时，Validate 事件会被触发。在 Validate 事件中可执行最终的清除操作。

想想议议：VB 如何访问 Microsoft Excel 电子表格？

7.1.5 ADO 控件

ADO 控件也是数据库与 Visual Basic 的应用程序进行连接的控件之一。

1. ADO 控件的功能

ADO（AxtiveX Data Object）控件是 Visual Basic 6.0 新增的数据控件，它使用 ADO 数据对象来快速建立数据绑定控件和数据源之间的连接。虽然可以在应用程序中直接使用 ADO，但 ADO 数据控件作为一个图形控件，具有易于使用的界面，它使编程人员能用最少的代码来创建应用程序。ADO 控件可连接多种类型的数据库文件。

ADO 数据控件与数据库的连接有 3 种方式: 数据链接文件(.udl)、ODBC 数据源名称(DSN)和字符串连接。与 Access 数据库建立连接的常用方式是字符串连接。

2. 添加 ADO 到工具箱中

ADO 控件是一个 ActiveX 控件, 在使用该控件之前, 应首先将它添加到工具箱中。

(1)选择"工程"菜单中的"部件"命令或右击"工具箱"空白处, 在弹出的快捷菜单中选择"部件"命令, 屏幕将出现"部件"对话框。

(2)在该对话框内选中"Microsoft ADO Control 6.0(OLEDB)"选项, 单击"确定"按钮, 即在工具箱中添加了 ADO 控件, 如图 7.1.10 所示。

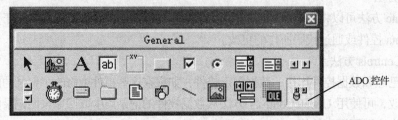

图 7.1.10　向工具箱添加 ADO 数据控件及工具箱中的 ADO 控件

3. 与数据库相关的 ADO 控件的常用属性

(1)ConnectionString 属性: 该属性是一个字符串, 包含进行一个连接所需的所有设置。取值可以是连接字符串、OLE DB 数据连接文件或 ODBC 数据源名称。

(2)RecordSource 属性: 通常是数据库中要连接的记录集, 可以是数据库中的数据表的名称, 或是一条 SQL 语句, 用于决定从数据库中检索什么信息。

(3)CommandType 属性: 告诉数据源 RecordSource 属性的情况, CommandType 的设置决定了记录集如何组织。

(4)UserName 属性: 用户名称, 当数据库受密码保护时, 需要指定该属性。

(5)Password 属性: 访问一个受保护的数据库时, 该属性是必要的。如果在 ConnectionString 属性中设置了密码, 那么将在这个属性中指定值。

(6)CusorType 属性: 用于设置记录集的类型是静态类型、动态类型还是快照类型(参见 Data 控件的 RecordsetType 属性)。

(7)LockType 属性: 决定当其他人试图修改正在编辑的数据时, 如何锁定该数据。

(8)Mode 属性: 决定想用记录集进行什么操作。

(9)BOFAction 和 EOFAction 属性: 决定当该控件定位于记录集的开始和末尾时的行为。提供的选择包括停留在开始、末尾、移动到第一条或最后一条记录, 或者添加一条新记录(只能在末尾)(参见 Data 控件的相应属性)。

4. ADO 数据控件的事件

(1)WillMove 事件: 执行 Recordset 对象的 Open、MoveNext、Move、MoveLast、MoveFrist、MovePrevious、Bookmark、AddNew、Delete、Requery 和 Resync 方法时发生。

(2)MoveComplete 事件: 在 WillMove 事件之后发生。

(3)WillChangeField 事件: 在 Value 属性更改之前发生。

(4)FieldChangeComplete 事件: 在 WillChangeField 事件之前发生。

（5）WillChangeRecord 事件：执行 Recordset 对象的 Update、Delete、CancelUpdate、UpdateBatch 和 CancelBatch 方法时发生。

（6）RecordChangeComplete 事件：在 WillChangeRecord 事件之后发生。

（7）WillChangeRecordset 事件：在执行 Recordset 对象的 Requery、Resync、Close、Open 和 Filter 方法时发生。

（8）InfoMessage 事件：当数据提供者返回一个结果时发生。

5. ADO 控件的基本用法

使用 ADO 控件创建简单的数据库应用程序的基本步骤如下。

1）把 ADO 控件添加到窗体中

双击工具箱中的 ADO 图标或拖动鼠标将其添加到窗体上，并调整 ADO 控件的大小和位置，位置由 Align 属性设置，ADO 控件通常放置在窗体底部（Align=2）。

2）设置 ADO 的 ConnectionString 属性

向该数据控件说明到哪里以及使用什么访问方式访问数据源。

在属性窗口中找到 ConnectionString 属性，双击它或选定后，单击右边的下拉按钮，出现如图 7.1.11 所示的"属性页"对话框，其中有以下 3 个选择项。

（1）使用 Data Link 文件。数据链接文件是一种定义与数据库如何连接的描述文件。

（2）使用 ODBC 数据资源名称。通过 ODBC 数据访问接口连接到数据库是传统的连接远程数据库的方法。

（3）使用连接字符串。使用连接字符串是 Visual Basic 6.0 中常用的创建数据连接的方法。

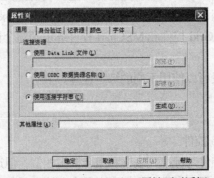

图 7.1.11　ConnectionString 属性页对话框

3）设置 RecordSource 属性

在 ADO 控件的属性窗口中选择 RecordSource 属性，出现它对应的属性页对话框，如图 7.1.12 所示。

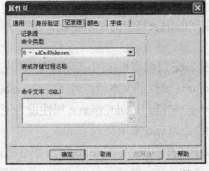

图 7.1.12　RecordSource 属性页对话框

至此，ADO 控件的两个属性就已经设置完成。此时该数据控件设置为接收数据，并与数据源连接。要想显示与 ADO 控件连接的数据表的字段数据，必须添加绑定控件。

想想议议：Data 控件和 ADO 控件的异同点有哪些？

7.1.6 数据绑定控件

ADO 或 Data 数据控件本身不能显示数据，需通过绑定具有显示功能的其他控件来显示数据，这些控件称为数据绑定控件或数据识别(感知)控件。Visual Basic 特别提供了一些具有数据感知功能的控件，借助于连接数据控件的过程，可以配合显示记录的内容。

当一个控件被绑定到数据控件(如 Data)后，运行时 Visual Basic 会把从当前数据库记录中取出的字段值应用于该控件。然后，控件显示数据并接受更改。如果在绑定控件里修改了数据，那么当移动到另一条记录时，这些改变会自动地写到数据库中。以下主要介绍绑定控件的使用方法及几个常用 ActiveX 绑定控件。

1. 使用数据绑定控件的基本方法

把数据绑定控件添加到应用程序的步骤如下。

(1) 在窗体里绘制一个绑定控件。

(2) 设置 DataSource 属性，指定要绑定的数据控件。

(3) 设置 DataField 属性，指定数据控件的记录集里的一个有效字段。

运行程序时，ADO 控件与数据库一起工作，以访问当前记录集或正在使用的记录集。使用数据控件的方向按钮可在记录间移动，而用绑定控件可查看或编辑从每个字段里显示出来的数据。无论何时单击数据控件的按钮，Visual Basic 都会自动地更新对记录集所作的任何改变。

在上述绑定控件中，DataGrid 控件和 MSChart 控件绑定到整个记录集，而其他控件则绑定到记录集中的某个字段。

对于不同数据类型的字段可以使用不同的绑定控件。

2. 常用的数据绑定控件

1) DataList 和 DataCombo 控件

DataList 和 DataCombo 控件与标准列表框和组合框很相似，但这两个控件不用 Additem 方法填充列表项，而是由这两个控件所绑定的数据库字段自动填充的。

(1) DataList 和 DataCombo 控件的绑定属性有如下几个。

DataSource 属性：DataList 和 DataCombo 控件所要绑定的数据控件。

DataField 属性：由 DataSource 属性指定的记录集中的一个字段。

RowSource 属性：指定用于填充列表的数据控件。

BoundColumn 属性：所指定的记录集中的一个字段，这个字段必须和将用于更新该列表的 DataField 的类型相同。

ListField 属性：表示 RowSource 属性所指定的记录集用于填充列表的字段。

BoundText 属性：BoundColumn 属性的文本值，可以将 DataSource 属性和 RowSource 属性都设为同一个数据控件，并把 DataField 与 BoundColumn 属性设为记录集中的相同字段，此时列表会用已更新的同一个记录集中的 ListField 来填充。

SelectedItem 属性：从列表中选择一项后，SelectedItem 属性就返回 RowSource 属性所指定的记录集中相应记录的标签。

（2）DataList 和 DataCombo 控件的具体使用。

把绑定控件添加到应用程序的步骤如下。

①在窗体里添加一个绑定控件。

②设置 DataSource 属性，指定要绑定的 ADO 控件。

③设置 DataField 属性，为 ADO 控件的记录集里的一个有效字段。

运行程序时，ADO 控件与数据库一起工作，访问当前记录集或正在使用的记录集。

使用 ADO 控件的方向按钮可使指针在记录间移动，而用绑定控件可查看或编辑从每个字段里显示出来的数据。无论何时单击 ADO 控件的按钮，Visual Basic 都会自动地更新对记录集所作的任何改变。

2）DataGrid 控件

大多数可知控件一次只能显示一条记录，但 DataGrid 控件是类似于表格的数据绑定控件，以表格形式显示记录，是 Visual Basic 中包含功能较强的数据绑定控件之一。

（1）DataGrid 控件的常用属性有如下几个。

DataSource 属性：设置 DataGrid 控件所连接的数据控件，通过这个控件将当前控件连接到数据库，该属性在运行时不可用。

DataMember 属性：指定了将被使用的记录集。

（2）使用 DataGrid 控件浏览数据库。可以使用 DataGrid 控件在类似于电子表格的界面中显示多条记录，用于浏览和编辑。

只要设置上述两个属性，就可以创建一个快捷而简单的表访问工具，不用编写代码，而且在几分钟内就能完成。

（3）DataGrid 控件的具体使用。

①将 DataGrid 添加到工具箱中。选择"工程"菜单中的"部件"命令或右击"工具箱"的空白处，在弹出的快捷菜单中选择"部件"命令，在打开的"部件"对话框中选择 Misrosoft DataGrid Control 6.0（OLEDB）选项，单击"确定"按钮。

②将 DataGrid 添加到窗体上。

③设置 DataSource 属性为连接的数据控件 Adodc1。右击 DataGrid 控件，从弹出的快捷菜单中选择"检索字段"命令，在出现的提示框中单击"是"按钮。

④右击 DataGrid 控件，从弹出的快捷菜单中选择"属性"命令，在打开的"属性页"对话框中单击"布局"标签，从"列"下拉列表框中选择不需要在 DataGrid 控件中显示的字段，取消选中"可见"复选框，将该字段设置为不可见。

⑤单击"列"标签，设置在 DataGrid 控件中要显示字段的标题。若数据库的字段名为中文名称，则能够清楚地表达出字段所表达的意思（此步骤可以省略）。

⑥关闭"属性页"对话框。

3）MSChart 控件

在设计数据管理系统时，经常需要进行数据分析，其结果以图表形式给出会更直观，此时可以用 MSChart 控件指定一个在图表格式中显示数据的窗体，以图形的方法表示数值数据。在 Visual Basic 6.0 中，该控件的功能有所增强。

想想议议：显示数据表中记录的方法有几种？并比较其优劣。

7.1.7 SQL

SQL 语句已经成为数据库语言的通用标准，并且它的应用领域逐渐扩大。SQL 的完整名称是

Structure Query Language，中文一般译为"结构化查询语言"。但实际上它的功能不仅仅是查询，还包括操纵、定义和控制，是一种综合的、通用的、功能极强的关系数据库语言。Visual Basic、FoxPro、Access 等应用程序都支持 SQL，有的甚至以 SQL 为运行的核心语言。

1. SQL 组成

SQL 一般由以下几部分组成。

1）SQL 命令

SQL 一般分为 DDL（数据定义语言）和 DML（数据操纵语言）两类，如表 7.1.3 和表 7.1.4 所示。

表 7.1.3　SQL 数据定义语言一览表

命令	功能说明
CREATE	建立新的数据库结构
DROP	删除数据库中的数据表以及索引
ALTER	修改数据库结构

表 7.1.4　SQL 数据操纵语言一览表

命令	功能说明
SELECT	查找满足某特定条件的记录
INSERT	在数据库中加入一批数据
UPDATE	改变记录或字段的数据
DELETE	从数据表中删除某条记录

其中最常用的命令是 SELECT 命令，该命令主要用于在数据库中查询满足特定条件的记录，该命令将在后面详细介绍。

2）SQL 子句

SQL 子句用来定义所要选中或要操作的数据，以搭配 SQL 语句的运行。表 7.1.5 列出了可用的 SQL 子句。

表 7.1.5　SQL 子句一览表

子句	功能说明
FROM	指定数据表
WHERE	指定数据需要满足的条件
GROUP BY	将选定的记录分成特定的组
HAVING	说明每个组需要满足的条件
ORDER BY	根据所需的顺序将记录排序

例如，在"学生信息"数据表中选中满足条件式condition1的记录，语句表示如下：

```
SELECT * FROM 学生信息 WHERE condition1
```

其中，"*"指表中所有字段（列），FROM 子句用于指定数据表。

3）SQL 运算符

SQL 提供的运算符有两种：逻辑运算符和比较运算符。

逻辑运算符主要用来连接两个表达式，它通常在 WHERE 子句中使用。在 SQL 子句中，逻辑运算符包括 3 个，如表 7.1.6 所示。

表 7.1.6　SQL 的逻辑运算符

运算符	功能说明
AND	逻辑与，表示所连接的两个条件必须同时符合才满足选择条件
OR	逻辑或，表示所连接的两个条件中只要有一个符合就算满足选择条件
NOT	逻辑非，表示不符合其后的条件就算满足选择条件

例如，要在数据表中查找同时满足 condition1 和 condition2 两个条件的记录，SQL 语句表示如下：

```
SELECT * FROM 学生信息 WHERE condition1 AND condition2
```

比较运算符用于比较两个表达式的关系值，根据结果决定进行相应的操作。运算符及说明如表 7.1.7 所示。

表 7.1.7 SQL 的逻辑运算符

运算符	含义及用法
<、<=、>、>=、=、<>	比较两个运算式的大小
BETWEEN	用于指定运算值的范围
LINK	用于模式相符的情况
IN	用于指定数据库中的记录

例如，从"学生成绩"数据表中筛选出英语成绩大于等于80的记录，SQL语句表示如下：

```
SELECT * FROM 学生成绩 WHERE 英语>=80
```

4）SQL 内部函数

内部函数的功能是可以针对使用 SELECT 命令所选的记录，通过某种运算处理后获得一个结果值。使用 AVG 函数将会得到被选定记录数据的平均值。表 7.1.8 列出了 SQL 的所支持的函数。

表 7.1.8 SQL 内部函数一览表

函数	功能
AVG	用来求出特定字段的平均值
COUNT	用来求取选定记录的个数
SUM	用来求取指定字段中所有值的总和
MAX	用来求取指定字段中的最大值
MIN	用来求取指定字段中的最小值

例如，求出"学生成绩"数据表中英语课的平均成绩，SQL语句表示如下：

```
SELECT AVG(英语) FROM 学生成绩
```

要动手练习SQL语句运行的功能，就要找个测试环境作为检查运行结果的界面。可视化数据管理器提供的"SQL语句"窗口是个很方便的测试环境，可利用该窗口来检查各个SQL语句的表示语法，并查看运行结果。

2. 数据定义语言

数据定义语言可以用来定义数据库结构，如建立数据表及索引，在数据表中添加、删除字段或索引等操作。

1）CREATE TABLE 语句

该语句主要用于在数据库中创建新的数据表，同时可以指定索引，形成一个完整的数据表结构。

（1）建立数据表。在建立数据表时，不仅要指定建立的数据表的名称，还要指定其中的字段及其相关信息。完整的语法结构如下：

```
CREATE TABLE 数据表名称([字段名称] 数据类型(长度),
                        [字段名称] 数据类型(长度),
                        [字段名称] 数据类型(长度),
                        …)
```

例如，在可视化数据管理器的"SQL语句"窗口中输入下列代码并单击"执行"按钮，就可以创建一个table1数据表，其中包括Field1和Filed2两个字段：

```
CREATE TABLE table1([Field1] Text(10),([Field2] Text(20))
```

（2）建立数据表的同时建立索引。在建立数据表时，不仅可以建立数据表结构，同时还可以在字段之后加入Constraint子句来建立索引。由于篇幅有限，这里不再详述，有兴趣的读者可参阅有关参考书。

2）CREATE INDEX 语句

除了在建立数据表的同时建立索引外，还可以利用 CREATE INDEX 语句建立索引。完整的语法结构如下：

```
CREATE UNIQUE INDEX index1 名称 ON 数据表名称(字段名称)
```

例如，要在 Table1 数据表中建立以 Field1 字段作为索引的语句如下：

```
CREATE UNIQUE INDEX index1 ON Table1(Field1)
```

3）ALTER TABLE 语句

ALTER TABLE 语句具有添加、删除或者修改数据表中字段的功能。

（1）添加字段。在 ALTER TABLE 语句中加入 ADD 关键字，即可用来添加某个字段。例如，在 table1 中添加 Field3 字段，ALTER TABLE 的语法结构如下：

```
ALTER TABLE table1 ADD COLUMN Field3 Text(30)
```

（2）删除字段。在 ALTER TABLE 语句中加入 DROP 关键字，即可用来删除某个字段。例如，从 table1 中删除 Field1 字段，ALTER TABLE 的语法结构如下：

```
ALTER TABLE table1 DROP COLUMN Field
```

（3）修改字段。修改某个字段的设置，实际上相当于先删除一个字段和再添加一个同名的不同设置值字段的组合。

3. 数据操纵语言

1）SELECT 语句

SELECT 语句是 SQL 的核心语句，该语句的一般格式如下：

```
SELECT  字段表  FROM  数据表(或视图) IN  数据库
     [WHERE  条件表达式]
     [GROUP BY 列名1[HAVING 内部函数表达式]]
     [ORDER BY 列名2[ASC|DESC]]
     WITH  OWNERACCESS  OPTION
```

该语句的含义：根据 WHERE 子句的条件表达式，从基本表中选出符合条件的记录，按 SELECT 子句中的目标列选出记录集中的分量形成结果集。如果有 GROUP BY 子句，则按指定的列来分组；如果有 ORDER BY 子句，该结果则按指定的列来排序。其中各语句成员可视具体情况选用。下面通过例子来具体介绍 SELECT 语句。

（1）字段表。在 SELECT 关键字之后的字段表指定将要作为查询的对象。例如，将"学生信息"数据表中的学号和姓名作为查询对象，其 SELECT 语句如下：

```
SELECT 学号,姓名 FROM  学生信息
```

如果它的查询范围是整个数据表，就需要使用"*"通配符，其语法格式如下：

```
SELECT * FROM  学生信息
```

如果它的查询涵盖了不止一个数据表中的字段，那么应在字段名的前面加入数据表的名称，并用圆点将其与字段名分隔。例如，查询"学生信息"数据表中的"姓名"字段、"学生成绩"

数据表中的英语成绩字段，语法格式如下：

```
SELECT 学生信息.姓名,学生成绩.英语 FROM  学生成绩 AND 学生信息
```

(2) WHERE 子句。在 SELECT 语句中，WHERE 子句用来指定查询条件。例如，从"学生信息"表中查询所有姓"陈"的学生学号、姓名，其语法格式如下：

```
SELECT 学号, 姓名 FROM 学生信息 WHERE 姓名 LIKE "陈*"
```

(3) GROUP BY 子句。在处理数据库时，总是习惯将具有相同属性的记录进行分类，以便计算，GROUP BY 子句就具有此功能。例如，将"学生信息"表中的记录按"性别"进行分类，其语句表示如下：

```
SELECT 性别 GROUP BY  性别
```

(4) HAVING 子句。HAVING 子句的功能是用来指出筛选条件的。该子句专用于搭配 GROUP BY 子句使用，将满足筛选条件的记录进行归类。例如，将"学生信息"表中籍贯是山东省的字段值进行归类，语句表示如下：

```
SELECT 年龄 FROM 学生信息 GROUP BY 年龄 HAVING 籍贯="山东"
```

(5) ORDER BY 子句。在查询数据时，为了便于查找，经常会用到排序。在 SQL 语句中可以加入 ORDER BY 子句指定这些记录的排列顺序。在对记录进行排序时，有两种方式：分别是 ASC（升序）和 DESC（降序），如果不特别指出，默认值为升序。例如，要获取"学生信息"表，指定要以"出生年月"字段的降序方式排列，其语句表示如下：

```
SELECT * FROM  学生信息 ORDER BY 出生年月 DESC
```

(6) WITH OWNERACCESS OPTION。WITH OWNERACCESS OPTION 语句的作用是限制用户查看查询结果的权限，通常用于多用户应用程序。

(7) INTO 子句。在 SELECT 语句中加入 INTO 子句，即可将查询结果记录保存。

例如，将学生成绩表中的英语成绩低于60分的记录存放在一个"不及格"的数据表中，语句表示如下：

```
SELECT * INTO 不及格 FROM 学生成绩 WHERE 英语<60
```

2) INSERT INTO 语句

使用 INSERT INTO 语句可以在数据表中添加一条记录，其语法格式如下：

```
INSERT INTO 数据表名称(字段名1,字段名2，…)
       VALUE(数据1,数据2，…)
```

此式表示 VALUE 后括号中的参数是新添加记录的对应字段的值，必须注意数据与字段名的对应关系。

3) UPDATE 语句

使用 UPDATE 语句可以根据 WHERE 子句的指定条件，对满足条件的记录进行修改。其语法格式如下：

```
UPDATE 数据表名称 SET 新数据值  WHERE 条件式
```

如果要一次有规律地修改多条记录，使用 UPDATE 方法更为有效。例如：将"学生成绩"表中的英语成绩和数学成绩均增加5%，语句表示如下：

```
UPDATE 学生成绩 SET 英语=英语*(1+5/100),数学=数学*(1+5/100)
```

4) DELETE 语句

使用 DELETE 语句可以删除满足由 WHERE 子句指定条件的记录。其语法格式如下：

```
DELETE(字段名称) FROM 数据表名称 WHERE 条件式
```

一般删除整条记录时，"字段名称"这一项可以省略，利用它同时删除多条记录是非常方便的。

7.2 知 识 进 阶

以前的 Visual Basic 使用 Crystal Reports 来创建数据报表，这是一个外接程序，使用起来很不方便。在 Visual Basic 6.0 中新增了数据报表设计器，实现了在 Visual Basic 内部设计完整报表的功能，还可以将报表导出到 HTML 或文本文件中。报表的实现便于用户浏览或打印信息，以下主要介绍如何为数据库创建报表。

7.2.1 创建报表

1. 创建报表的步骤

(1)打开报表设计器。双击工程窗口中的默认报表设计器(DataReport1)或从"工程"菜单中选择"添加 Data Report"选项，均可打开一个报表设计器，如图 7.2.1 所示。

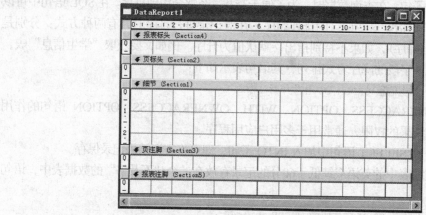

图 7.2.1 数据报表设计器

(2)更改每个 Section 对象的布局，编程改变数据报表的外观和行为。

(3)使用数据报表控件修饰报表。

可在工具箱中单击"数据报表设计器"按钮，则列出了用于创建数据报表的可用控件。

数据报表控件的使用与普通控件的使用一样，如双击 RptLine 图标，将在页眉区添加一个直线控件，可设置它的属性；双击 RptLable 控件，将在页眉区添加一个标签控件，用于放置报表的标题。

(4)运行数据报表。

①设 DataReport1 为启动对象，单击运行。

②用代码启动，在窗体上添加一个命令按钮，该控件的代码设置如下：

```
Private Sub Command1_Click()
    DataReport1.Show
End Sub
```

这时单击该按钮即可显示或预览数据报表。

说明：通过使用 PrintReport 方法可以打印报表。

2. 创建报表分页

数据报表设计器为了增加报表的可读性，允许在分组标头/注脚和报表标头/注脚的前后强制分页。实现方法：选中要分组的标题或注脚，设置属性窗口中的 ForcePageBreak 属性值。该属性有 4 种不同的取值，如表 7.2.1 所示。

表 7.2.1　ForcePageBreak 属性的取值及对应常数

常数	值	说明
RptPageBreakNone	0	不分页（默认值）
RptPageBreakBefore	1	在当前部分的前面分页
RptPageBreakAfter	2	在当前部分的后面分页
RptPageBreakBeforeAndAfter	3	在当前部分的前面、后面都分页

3. 添加标题、页号、日期和时间

右击数据报表设计器中报表和页的标头或注脚，在弹出的快捷菜单中的"插入控件"子菜单中选择要插入的控件，根据需要设置新控件的属性值。

7.2.2　将报表导出到 HTML 上

如果希望生成的报表能以 HTML 文件的形式在 Internet 上发布，则使用数据报表设计器的 ExportReport 方法可以实现。

ExportReport 方法的语法格式如下：

对象名.ExportReport[下标],[要导出的文件名],[逻辑表达式1],[逻辑表达式2],[范围], _
[起始页面],[终止页面]

参数说明如下。

(1) 下标：指定使用的 ExportReport 对象。有 4 个默认对象，如表 7.2.2 所示。

表 7.2.2　缺省的 ExportReport 对象

对象	关键字	常数
ExportReport(1)	Key_def_HTML	rptKeyHTML
ExportReport(2)	Key_def_UnicodeHTML_UTF8	RptKeyUnicodeHTML_UTF8
ExportReport(3)	Key_def_Text	rptKeyText
ExportReport(4)	Key_def_UnicodeText	rptKeyUnicodeText

(2) 要导出的文件名：指定要导出的文件名。若省略此项，则会显示导出对话框。

(3) 逻辑表达式 1：决定文件是否被覆盖。

(4) 逻辑表达式 2：决定是否显示"另存为"对话框。若未指定 ExportReport 或要导出的文件名，那么即使该参数设置为 False，也会显示"导出"对话框。

(5) 范围：设置一个整数，决定是包括报表的所有页面还是其中的一定范围的页面。RptRangeAllPages 或 0 表示所有页面；RptRangeFromTo 或 1 表示指定范围的页面。

(6) 起始页面和终止页面：一个数值表达式，只有在范围为 1 时才有效。

例如，将下面的代码放入某命令按钮的 Click 事件中，即可导出全部页面到 d:\htmBB 文件，覆盖已存在的同名文件：

```
Private Sub Command1_Click()
DR1.ExportReport rptKeyHTML, "d:\htmBB",True,,RptRangeAllPages
End Sub
```

运行程序，在 D 盘的根目录下创建了一个 htmBB.htm 文件。将该文件写入一个活动 Web 目录，Web 浏览器就可以使用它了。

想想议议：除 VB 以外，你还了解哪些其他可以进行数据库管理的软件？使用数据库和文件来进行数据管理有什么异同点？

项 目 交 流

分组进行交流讨论：通过对项目实例学习，本项目主要完成的功能是什么？本项目用了几张数据表？项目界面用到了哪些控件？如果你作为客户，你对本章中项目的设计满意吗(包括功能和界面)？找出本章项目中不足的地方，加以改进。在对项目改进过程中遇到了哪些困难？组长组织本组人员讨论或与老师讨论改进的内容及改进方法的可行性，并记录下来，编程上机检测改进方法。

项目改进记录

序号	项目名称	改进内容	改进方法
1			
2			
3			
4			
5			
6			
7			

交回讨论记录摘要。记录摘要包括时间、地点、主持人(组长，建议轮流担任组长)、参加人员、讨论内容等。

基本知识练习

1. 什么是数据库？关键字的作用是什么？
2. 表之间的关联关系的作用是什么？
3. Data 控件和 ADO 控件各有什么特点？
4. 为什么要使用数据绑定控件？常用的数据绑定控件有哪些？
5. SQL 的命令有哪几类？

能力拓展与训练

一、调研与分析

分小组对学校图书馆进行调查，了解图书管理系统的作用，并进行需求分析和概要设计，写出设计报告。

二、角色模拟

假设学校想开发一个学生宿舍管理软件，分组扮演用户和研发人员进行项目需求分析，并初步设计出满足用户要求的用户界面。

三、自主学习与探索

1. 在数据库中如何建立表之间的关联关系？
2. 数据库在实际运行过程中往往需要进行维护，试分析数据库维护的重要性。

四、我的问题卡片

请把在学习中(包括预习和复习)思考和遇到的问题写在下面的卡片上，然后逐渐补充简要的答案。

问题卡片

序号	问题描述	简要答案
1		
2		
3		
4		
5		

你 我 共 勉

吾生也有涯，而知也无涯。

——庄周

参 考 文 献

陈国良. 2012. 计算思维导论[M]. 北京：高等教育出版社.

龚沛曾. 2013. VisualBasic 程序设计教程[M]. 4 版. 北京：高等教育出版社.

陆朝俊. 2013. 程序设计思想与方法——问题求解中的计算思维[M]. 北京：高等教育出版社.

申艳光. 2014. 计算文化与计算思维基础[M]. 北京：高等教育出版社.

申艳光，等. 心连"芯"的思维之旅. http://www.icourses.cn.

王建忠. 2013. VisualBasic 程序设计[M]. 北京：科学出版社.

薛红梅，张永强. 2010. VisualBasic 程序设计项目教程[M]. 北京：北京理工大学出版社.

战德臣，聂兰顺. 2013. 大学计算机:计算思维导论[M]. 北京：电子工业出版社.

张永强. 2006. VisualBasic 程序设计教程[M]. 北京：北京理工大学出版社.